改訂版

入門はじめての時系列分析

石村貞夫・石村友二郎 著

東京図書

本書では
このようなシラバスを
想定しています

の例

	大項目	中項目	小項目
1回目	時系列分析でわかること	明日の予測 3つの基本パターン	トレンド　周期変動 不規則変動
2回目	時系列データを集める	経済時系列データ	平均株価 インフルエンザの患者数
3回目	時系列データのグラフ	折れ線グラフ	時系列データの合成 時系列データの分解
4回目	トレンド	長期的傾向	トレンドの検定
5回目	周期変動	季節変動 スペクトル分析	周期　周波数 ピリオドグラム
6回目	不規則変動	乱数 ホワイトノイズ	連による検定
7回目	時系列データの変換	差分　3項移動平均 ラグ　対数変換	12カ月移動平均
8回目	指数平滑化	アルファ	1期先の予測値
9回目	自己相関係数	自己相関係数 交差相関係数	コレログラム 先行指標
10回目	自己回帰 AR(p) モデル	ボックス・ジェンキンス法	1期先の予測値
11回目	ARMA(p, q) モデル	ボックス・ジェンキンス法	同定　推定　診断
12回目	ランダムウォーク	株価の予測	
13回目	時系列データの回帰分析	残差の独立性	1期先の予測値
14回目	曲線の当てはめ	最小二乗法 フーリエ級数	1期先の予測値
15回目	期末試験		

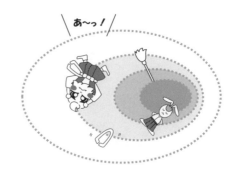

"タイムマシンで自由に時空をかけてみたい"

　これは，H.G. ウェルズの小説「タイムマシン」や
有名な映画「バック・トゥ・ザ・フューチャー」以来，
わたしたちがいつも心に抱いている願いです．

　でも，タイムマシンは，今すぐ，実現可能でしょうか？
タイムマシンやタイムトンネルのかわりに
　　　　　　　"自由に時空を駆け巡る方法"
は，ないのでしょうか？

　実は，あるのです！

　その方法が，統計学の
　　　　　　　　　時系列分析
なのです．
　Excel や SPSS など統計解析用のソフトウェアを使うと
わたしたちも，タイムトラベルが実現可能となります．

ところで，時系列分析では，時系列データを取り扱います．
　時系列データとは

"時間の経過と共に変化するデータ"

のことです．
　この時系列データのタイムトラベルには，時系列分析の

"交差相関係数""指数平滑化""自己回帰モデル"

といった手法が有効です．
　この改訂版では

16章　時間的因果モデル ─グレンジャー因果性─

を追加しています．

　これらの手法により，近未来の予測が可能になります．
　さあ，わたしたちも，時系列分析を使って
タイムトラベラーになりましょう！

　最後に，お世話になった松田二三子さん，日本 IBM 株式会社の磯崎幸子
さん，猪飼沙織さん，スマート・アナリティクス社の牧野泰江さん，
東京図書編集部の河原典子さんに深く感謝いたします．

2023 年 7 月吉日　伊予の国　宇摩郡上分村にて

著者

目　　次 ─────────────

16章 はじめての**時間的因果モデル** 232

本書では Excel 2019/365 を使用しています.

（参考用として IBM SPSS Statistics も使用）

データは東京図書ホームページ（http://www.tokyo-tosho.co.jp/）
からダウンロードできます.

◆**装幀**　今垣知沙子（戸田事務所）

◆**イラスト**　石村多賀子

改訂版 入門はじめての **時系列分析**

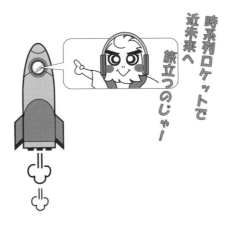

時系列ロケットで近未来へ旅立つのじゃ！

時系列分析でわかること：グラフ表現してみると……

時系列データ

$$\{ \ x(1) \quad x(2) \quad x(3) \quad \cdots \quad x(t-2) \quad x(t-1) \quad x(t) \ \}$$

とは，時間 t と共に変化するデータのことです．

　そこで，横軸に時間をとり，時系列データ $\{x(t)\}$ の
グラフ表現をしてみると……

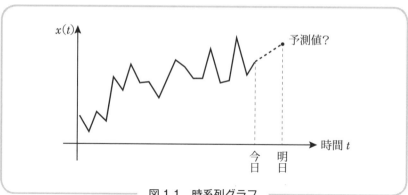

図 1.1　時系列グラフ

　このように，折れ線グラフを描いてみると
時系列データ $\{x(t)\}$ の変化の様子がよくわかるので
明日の値を予測できそうな気がします．

さて
明日の値は？

Key Word　時系列データ：time series data　　時系列分析：time series analysis

時系列分析でわかること：移動平均してみると……

時系列データ

$$\{\ x(1)\quad x(2)\quad x(3)\quad \cdots\quad x(t-2)\quad x(t-1)\quad x(t)\ \}$$

とは，時間 t と共に変化するデータのことです．

そこで，時系列データ $\{x(t)\}$ の移動平均をしてみると……

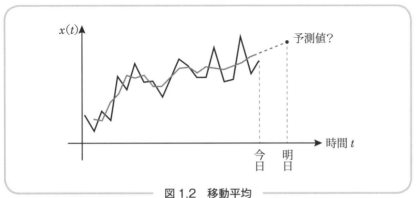

図 1.2　移動平均

　移動平均は，時間 t の前後で平均値をとります．

したがって，時系列データ $\{x(t)\}$ の変動がなめらかになり

明日の値を予測しやすくなります．

時系列分析とは
時系列データを使って
明日の予測をすることです

Key Word　移動平均：moving average

3

時系列データ

$$\{ \ x(1) \quad x(2) \quad x(3) \quad \cdots \quad x(t-2) \quad x(t-1) \quad x(t) \ \}$$

とは，時間 t と共に変化するデータのことです．

　そこで，自己相関係数を計算して，そのグラフを描いてみましょう．

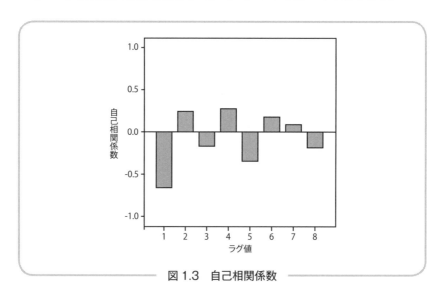

図 1.3　自己相関係数

　自己相関係数とは，1 変数の時系列データ $\{x(t)\}$ に対して
時間 t をずらして計算した相関係数のことです．

　この自己相関係数を計算してみると

1 期前との関係の強さ——ラグ 1

2 期前との関係の強さ——ラグ 2

$\vdots$　　　　　　　　$\vdots$

を次々と調べることができます．

昨日からの
影響の強さが
わかります

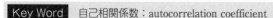

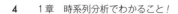

Key Word　自己相関係数：autocorrelation coefficient

時系列データ

$$\{ x(1) \quad x(2) \quad x(3) \quad \cdots \quad x(t-2) \quad x(t-1) \quad x(t) \}$$
$$\{ y(1) \quad y(2) \quad y(3) \quad \cdots \quad y(t-2) \quad y(t-1) \quad y(t) \}$$

とは，時間 t と共に変化するデータのことです．

そこで，交差相関係数を計算して，そのグラフを描いてみましょう．

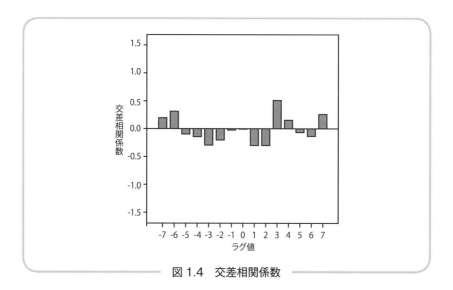

図 1.4　交差相関係数

交差相関係数とは，2 つの時系列データ $\{x(t)\}$, $\{y(t)\}$ に対して時間 t をずらして計算した $\{x(t)\}$, $\{y(t)\}$ の相関係数のことです．

$\{x(t)\}$ と $\{y(t)\}$ のどちらが先行しているかわかるのじゃな？

Key Word　交差相関係数：cross correlation coefficient

時系列データ

$$\{ \; x(1) \quad x(2) \quad x(3) \quad \cdots \quad x(t-2) \quad x(t-1) \quad x(t) \; \}$$

とは，時間 t と共に変化するデータのことです．

そこで，指数平滑化を利用してみましょう．

指数平滑化とは，次のように表現された式のことです．

$$\hat{x}(t,1) = \alpha \times x(t) + (1-\alpha) \times \hat{x}(t-1,1)$$

明日の予測値　　今日の値　　　　今日の予測値
　　　　　　　　　　　　　　　　　＝過去からの影響

この式を利用すると，今日の値 $x(t)$ と今日の予測値 $\hat{x}(t-1,1)$ から明日の値 $x(t+1)$ を予測することができます．

時点 t の1期先の予測値
$\hat{x}(t,1)$
を計算することが
できます

Key Word 　指数平滑化：exponential smoothing

時系列分析でわかること：自己回帰モデルでは……

時系列データ

$$\{ \ x(1) \quad x(2) \quad x(3) \quad \cdots \quad x(t-2) \quad x(t-1) \quad x(t) \ \}$$

とは，時間 t と共に変化するデータのことです．

そこで，自己回帰モデルを利用してみましょう．

自己回帰モデルとは，次のように表現された式のことです．

自己回帰 AR（1）モデル

$$x(t) = a_1 \times x(t-1) + u(t)$$

この式を利用すると，明日の値 $x(t+1)$ を予測することができます．

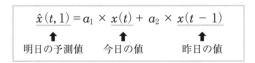

$$\hat{x}(t, 1) = a_1 \times x(t)$$

明日の予測値　　　今日の値

自己回帰 AR（2）モデル

$$x(t) = a_1 \times x(t-1) + a_2 \times x(t-2) + u(t)$$

この式を利用すると，明日の値 $x(t+1)$ を予測することができます．

$$\hat{x}(t, 1) = a_1 \times x(t) + a_2 \times x(t-1)$$

明日の予測値　　　今日の値　　　昨日の値

時点 t の 1 期先の予測値
$\hat{x}(t, 1)$
がわかるのでござる

Key Word 　自己回帰モデル：autoregressive model

7

時系列分析でわかること：季節性の分解をすると……

時系列データとは，時間と共に変化するデータのことです．
そこで，季節性の分解を利用してみましょう．

季節性の分解とは，時系列データの中に含まれている
3つの時系列データを取り出すことです．

経済時系列データの場合，次の時系列
　　　　　トレンド＋周期変動　　　　季節変動　　　　不規則変動
を取り出すことができます．

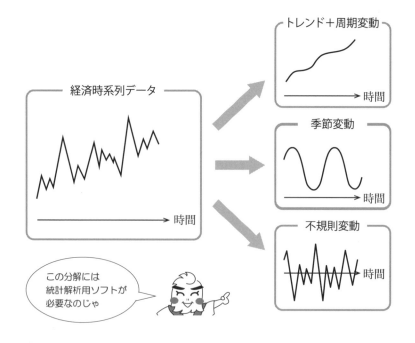

この分解には
統計解析用ソフトが
必要なのじゃ

Key Word 　季節性の分解：seasonal decomposition

時系列分析でわかること：スペクトル分析では……

時系列データとは，時間と共に変化するデータのことです．
そこで，スペクトル分析を利用してみましょう．

スペクトル分析を利用すると，次のように
　　　　　　周波数　　や　　　周期
を見つけることができます．

> スペクトル分析とは
> フーリエ級数による
> 周期の求め方です

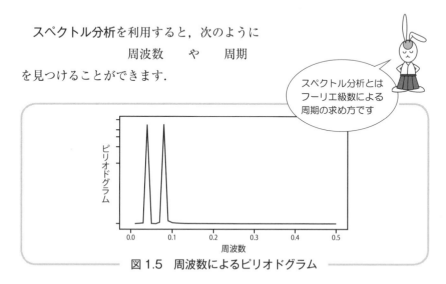

図 1.5　周波数によるピリオドグラム

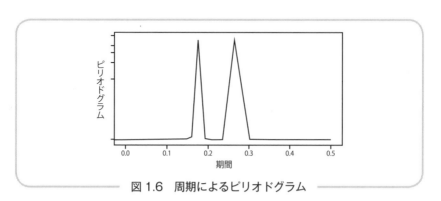

図 1.6　周期によるピリオドグラム

Key Word　　スペクトル分析：spectrum analysis, spectral analysis
　　　　　　　ピリオドグラム：periodogram

2 章

時系列グラフの描き方

Section 2.1 時系列データとそのグラフ

統計処理の第一歩はグラフ表現です.

地球の温暖化は,今や世界中の関心事となっています.
そこで,アラスカの気温を調査してみました.

表 2.1 アラスカの 4 月の気温

年	4 月の気温	年	4 月の気温	年	4 月の気温
1951	0.7	1971	− 5.2	1991	− 0.1
1952	− 3.7	1972	− 7.6	1992	− 2.6
1953	0.5	1973	− 0.7	1993	2.8
1954	− 2.8	1974	− 1.3	1994	0.0
1955	− 8.2	1975	− 5.2	1995	3.1
1956	− 3.1	1976	− 2.1	1996	− 2.2
1957	− 0.1	1977	− 7.6	1997	1.3
1958	1.0	1978	0.7	1998	3.2
1959	− 4.6	1979	− 1.0	1999	− 1.1
1960	− 7.6	1980	1.2	2000	− 1.0
1961	− 3.7	1981	− 0.9	2001	− 0.2
1962	− 2.9	1982	− 5.1	2002	− 3.4
1963	− 4.6	1983	− 0.9	2003	0.4
1964	− 4.5	1984	− 6.0	2004	2.2
1965	− 1.3	1985	− 11.6	2005	− 3.0
1966	− 4.8	1986	− 6.0	2006	− 3.0
1967	0.0	1987	− 2.4	2007	3.9
1968	− 3.3	1988	− 2.2	2008	− 3.2
1969	0.2	1989	0.9	2009	− 1.0
1970	− 3.5	1990	2.7	2010	0.4

この時系列データをグラフで表現してみましょう.

ところで……

統計処理の第一歩は
グラフ表現
でござるよ！

■ いろいろなグラフ表現

グラフ表現には，実にさまざまな種類が考え出されています.

棒グラフ
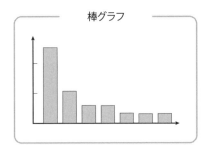

円グラフ
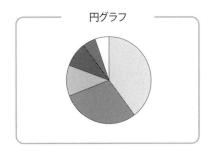

折れ線グラフ
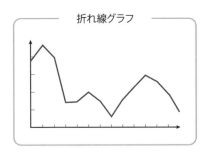

帯グラフ
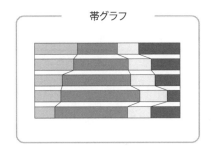

ヒストグラム
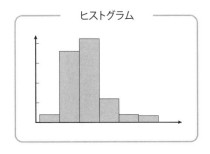

ステレオグラム
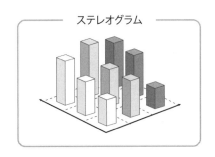

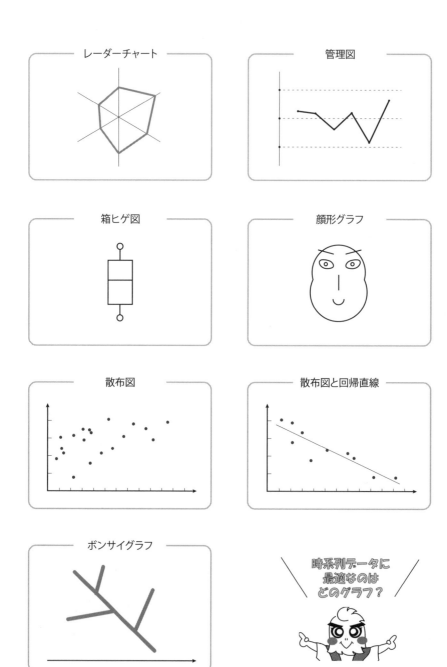

レーダーチャート

管理図

箱ヒゲ図

顔形グラフ

散布図

散布図と回帰直線

ボンサイグラフ

時系列データに
最適なのは
どのグラフ？

表2.1のデータは，時間と共に変化しているデータなので
折れ線グラフが適しています．

　表2.1のデータの折れ線グラフは，次のようになります．

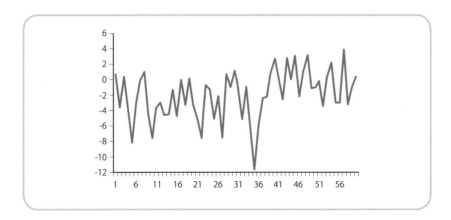

Section 2.2　時系列グラフの描き方

■ Excel による時系列グラフの描き方

手順1　次のように入力します.

	A	B	C	D	E	F	G
1	年	4月の気温					
2	1951	0.7					
3	1952	−3.7					
4	1953	0.5					
5	1954	−2.8					
6	1955	−8.2					
7	1956	−3.1					
8	1957	−0.1					
9	1958	1					
10	1959	−4.6					
11	1960	−7.6					
12	1961	−3.7					
13	1962	−2.9					
14	1963	−4.6					
	1964						
57		−3					
58	2007	3.9					
59	2008	−3.2					
60	2009	−1					
61	2010	0.4					
62							

表 2.1 の
データです

手順2　グラフに使う時系列データの範囲を指定して……

	A	B	C	D	E	F	G
1	年	4月の気温					
2	1951	0.7					
3	1952	−3.7					
4	1953	0.5					
5	1954	−2.8					
6	1955	−8.2					
7	1956	−3.1					
8	1957	−0.1					
9	1958	1					
10	1959	−4.6					
11	1960	−7.6					
12	1961	−3.7					

手順3 ［挿入］⇒［折れ線］から，次のように選択します．

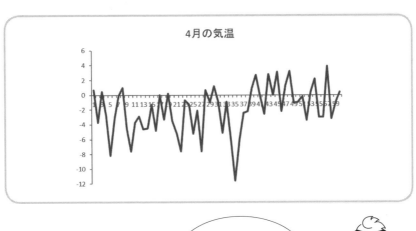

手順4 次のような折れ線グラフを描くことができます．

軸の位置や
目盛りの間隔を工夫して
見やすいグラフを
作るべし！

Section 3.1　３つの基本パターン

基本パターン１──トレンド

　トレンドとは，"長期的傾向"のことで，時間の経過と共にデータが
上昇，または，下降している状態のことです．

　トレンドのある時系列のことを，**非定常時系列**といいます．

基本パターン２──周期変動

　周期変動とは"くり返す"という意味なので，時間の経過と共にデータが
上昇と下降をくり返します．

　経済時系列データの場合には，"月単位で上昇と下降をくり返す"とか
"１年間で上昇と下降をくり返す"といった**季節変動**もあります．

基本パターン３─不規則変動

　不規則変動とは，"データの動きが時間の経過に依存しない"という
意味です．

　要するに，とらえどころのないデータの変動のことです．

時系列データは
３つの基本時系列から
構成されています

Key Word	トレンド：trend　　非定常時系列：nonstationary time series
	周期変動：cyclic variation　　季節変動：seasonal variation
	不規則変動：random variation

■ トレンド——基本時系列：その 1

　トレンドは時間の経過と共に上昇，または下降する時系列データの
ことです.

● 上昇するトレンドのことを**正のトレンド**といいます.

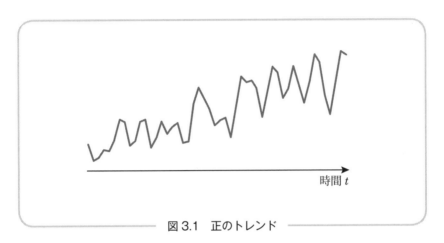

時間 t

図 3.1　正のトレンド

● 時間の経過と共に下降する場合は，次のようになります.
　このとき，**負のトレンド**といいます.

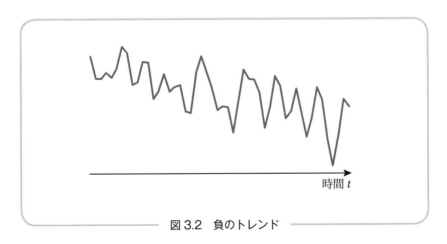

時間 t

図 3.2　負のトレンド

■ 周期変動と季節変動——基本時系列：その2

周期変動は時間の経過と共に上昇と下降をくり返す時系列データのことなので，グラフで表現すると，次のようになります．

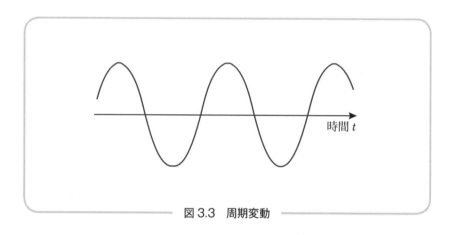

図 3.3　周期変動

経済時系列データの場合には，春・夏・秋・冬や1年間といった期間で，同じような季節的変動をくり返すことがあります．

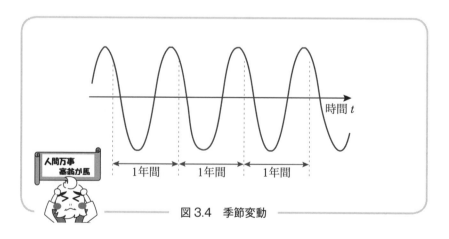

図 3.4　季節変動

■ **不規則変動**──基本時系列：その3

　不規則変動は時間の経過によらない変動のことなので，要するにデタラメな動きということになります．

図3.5　不規則変動

　デタラメな動きを人工的に作ることはできません．

　そこで，次のようなホワイトノイズを不規則変動の代わりにします．

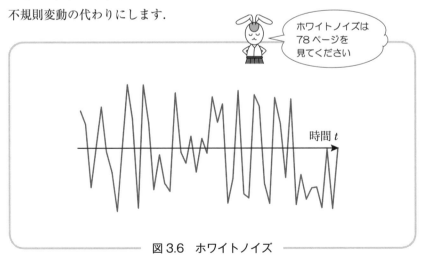

図3.6　ホワイトノイズ

の吹き出し内：ホワイトノイズは78ページを見てください

Section 3.2　3つの基本パターンが重要な理由

なぜ，この3つの基本パターンが大切なのでしょうか？

その理由は……

この3つの基本パターンを合成してみるとわかります．

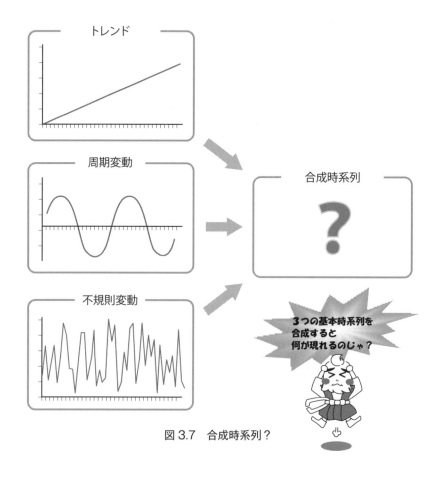

図3.7　合成時系列？

■ Excel による時系列データの合成──加法モデルの場合

手順1 次のように入力しておきます.

	A	B	C	D	E	F	G
1	時間	トレンド	周期変動	不規則変動	合成時系列		
2	1						
3	2						
4	3						
5	4						
6	5						
7	6						
8	7						
9	8						
10	9						
11	10						
12	11						
13	12						
14	13						
15	14						
16	15						
17	16						
18	17						
19	18						
20	19						
21	20						
	21						
36	35						
37	36						
38	37						
39	38						
40	39						
41	40						
42	41						
43	42						
44	43						
45	44						
46	45						
47	46						
48	47						
49	48						
50							

合成の方法には
・加法モデル
・乗法モデル
の2通りがありますが

この手順は
加法モデルのときの
手順です

手順2 次のように入力します.

B2 のセルに 　　= 0.5 ＊ A2

C2 のセルに 　　= 10 ＊ SIN(A2/4)

D2 のセルに 　　= 10 ＊ (RAND() − 0.5)

E2 のセルに 　　= B2 ＋ C2 ＋ D2

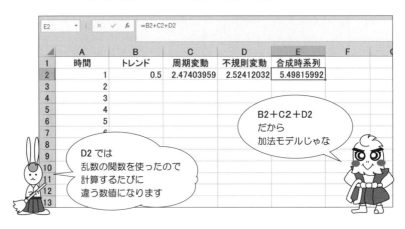

手順3 B2，C2，D2，E2 のセルをコピーして，B3 から E49 まで
貼り付けます.

	A	B	C	D	E	F	G
1	時間	トレンド	周期変動	不規則変動	合成時系列		
2	1	0.5	2.47403959	−2.0152659	0.95877366		
3	2	1	4.79425539	−0.7790711	5.01518427		
4	3	1.5	6.8163876	−2.7004251	5.6159625		
5	4	2	8.41470985	−4.5087467	5.90596311		
6	5	2.5	9.48984619	−4.7353785	7.25446768		
7	6	3	9.97494987	−1.6931707	11.2817792		
8	7	3.5	9.83985947	−2.4378926	10.9019668		
44		21.5		−1.813127?			
45	44	22	−9.9999021	0.45989116	12.4599891		
46	45	22.5	−9.67808	1.78439599	14.606316		
47	46	23	−8.7545217	1.4047681	15.6502464		
48	47	23.5	−7.2866498	1.26105254	17.4744028		
49	48	24	−5.3657292	2.25370486	20.8879757		
50							

手順4 合成した時系列のグラフを描いてみると，次のようになります．

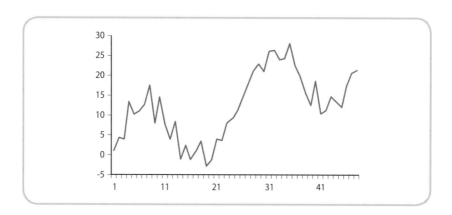

　この時系列グラフは，現実の平均株価のような動きをしています．

　このように，時系列データは，3つの基本パターン

　　　　　　トレンド　　　周期変動　　　不規則変動

から合成されているらしいということがわかります．

注意!
RAND は
クリックするたびに
数値が変わります

　時系列データの合成には，次の2つがあります．

- ● 加法モデル……… トレンド＋周期変動＋不規則変動
- ● 乗法モデル……… トレンド×周期変動×不規則変動

log（乗法モデル）は加法モデルと同じことになります．

Section 3.3　季節性の分解？

経済時系列データから，次の3つの時系列

　　　　トレンド＋周期変動　　　季節変動　　　不規則変動

を取り出すことを

　　　　　　　季節性の分解

といいます．

　統計解析用ソフト SPSS を利用すると，次のページのように
経済時系列データから，3つの時系列を取り出すことができます．

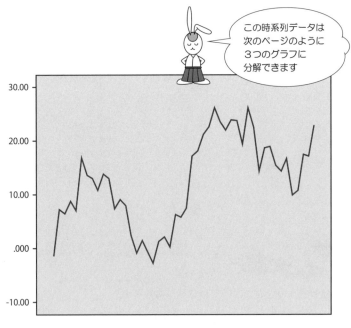

図 3.8　経済時系列データ

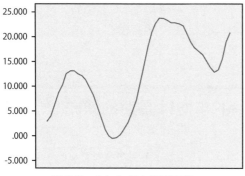

図 3.9　トレンド＋周期変動

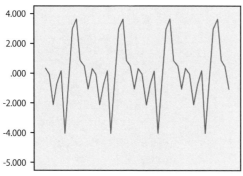

図 3.10　季節変動

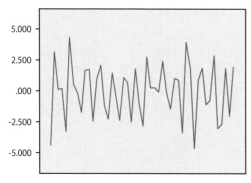

図 3.11　不規則変動

図 3.8 の
経済時系列データを
分解すると
こうなるのである

4章 トレンド

Section 4.1　トレンドまたは長期的傾向

明日の株価は上がるのでしょうか？　それとも下がるのでしょうか？

テレビの株式ニュースを見ていると，
株価は刻一刻と変化していることがわかります．

ここでは，毎日の変化ではなく
長期的な変化を見てみることにしましょう.

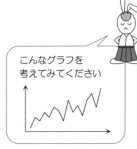

こんなグラフを
考えてみてください

1971 年から 2010 年まで，40 年間の平均株価を調査してみると……

表 4.1　40 年間の平均株価

年	平均株価	年	平均株価	年	平均株価	年	平均株価
1971	2714	1981	7682	1991	22984	2001	10543
1972	5208	1982	8017	1992	16925	2002	8579
1973	4307	1983	9894	1993	17417	2003	10677
1974	3817	1984	11543	1994	19723	2004	11489
1975	4359	1985	13113	1995	19868	2005	16111
1976	4991	1986	18701	1996	19361	2006	17226
1977	4866	1987	21564	1997	15259	2007	15308
1978	6002	1988	30159	1998	13842	2008	8860
1979	6569	1989	38916	1999	18934	2009	10546
1980	7116	1990	23849	2000	13786	2010	10229

1971 年から 1989 年までの平均株価を描くと，次のようになります．

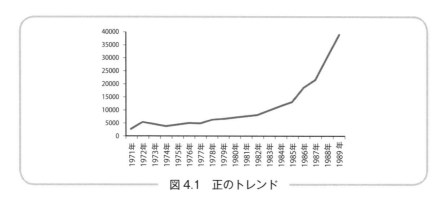

図 4.1　正のトレンド

このように，右上がりの傾向をもつ時系列データのことを

正のトレンド

といい，"正のトレンドがある" といった表現をします．

1990 年から 2002 年までの平均株価は，次のようになります．

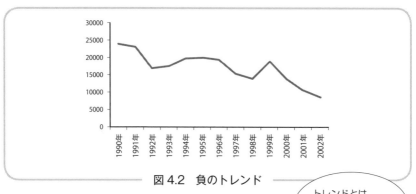

図 4.2　負のトレンド

このように，右下がりの傾向があるときは

負のトレンド

といいます．

トレンドとは
"長期的傾向"
のことでござるな

■ トレンドで大切な点は？

トレンドで大切な点は，次の2つです．

その1	その時系列データには "トレンドがある"といってよいか？

このようなときは，トレンドの検定

仮説　　 H_0：時系列データにはトレンドがない

対立仮説 H_1：時系列データにはトレンドがある

をしてみましょう．

このトレンドの検定は
**ケンドールの
順位相関係数の検定**
を適用しているのじゃ

さらに
この検定は

グループ間の差の検定で
用いられる
ヨンクヒールの検定
とも一致します

その2	その時系列データにトレンドがあるとしたら 明日の値は？

このようなときは

非定常時系列には
ARIMA モデルです

- 曲線または直線の当てはめ
- 指数平滑化
- ARIMA (p, d, q) モデル

などを利用して，明日の値を予測してみましょう！

たとえば，時系列データが次のようなグラフのときには

"直線の当てはめ"

を利用することができそうですね．

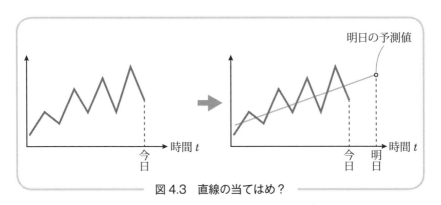

図 4.3　直線の当てはめ？

Section 4.2　トレンドの検定

次の時系列データは，7カ月の投資収益率です．

表 4.2　投資収益率

時間	4月	5月	6月	7月	8月	9月	10月
投資収益率	11%	15%	22%	18%	25%	32%	24%

この投資収益率を折れ線グラフで表現すると，次のようになります．

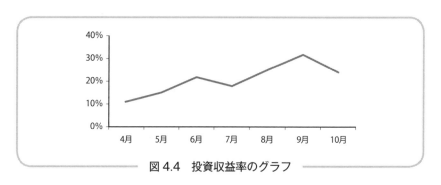

図 4.4　投資収益率のグラフ

　この時系列グラフは右上がりのように見えますが，この投資収益率には正のトレンドがあるといえるのでしょうか？

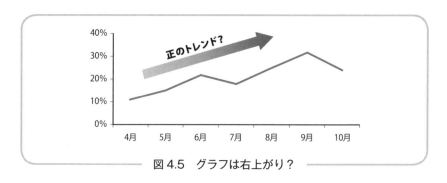

図 4.5　グラフは右上がり？

もし，投資収益率が<u>単調に上昇</u>しているのであれば，その順位は

表 4.3　単調増加の順位

時間	4月	5月	6月	7月	8月	9月	10月
トレンドの順位	1	2	3	4	5	6	7

となるはずです．

表 4.2 の投資収益率の順位はどうでしょうか？

表 4.4　投資収益率の順位

時間	4月	5月	6月	7月	8月	9月	10月
投資収益率	11%	15%	22%	18%	25%	32%	24%
投資収益率の順位	1	2	4	3	6	7	5

そこで，この 2 つの順位の相関を調べてみましょう．

トレンドの順位と投資収益率の順位の間に，正の相関があれば
　　　　“投資収益率のデータには正のトレンドがある”
といってよさそうです．

この順位相関を利用してトレンドの存在を調べる方法を
　　　　　　　　トレンドの検定
と呼んでいます．

ケンドールによる
トレンドの検定
ともいいます

Key Word　トレンドの検定：trend test

公式 トレンドの検定の手順（正のトレンドの場合）── ①

手順1 仮説と対立仮説をたてます.

仮説　　H₀：時系列データにトレンドはない

対立仮説 H₁：時系列データに正のトレンドがある

手順2 時系列データに順位をつけます.

時間	t_1	t_2	$\cdots$	t_i	$\cdots$	t_N
時系列データ	x_1	x_2	$\cdots$	x_i	$\cdots$	x_N
時系列の順位	γ_1	γ_2	$\cdots$	γ_i	$\cdots$	γ_N

手順3 順位 γ_i $(i = 1,\ 2,\ \cdots,\ N)$ の右側の順位 γ_j $(i < j)$ で γ_i よりも大きい順位 $(\gamma_i < \gamma_j)$ の個数 S_i と その合計 $\displaystyle\sum_{i=1}^{N} S_i$ を求めます.

時間	t_1	t_2	$\cdots$	t_i	$\cdots$	t_N	
時系列データ	x_1	x_2	$\cdots$	x_i	$\cdots$	x_N	
時系列の順位	γ_1	γ_2	$\cdots$	γ_i	$\cdots$	γ_N	合計
個数	S_1	S_2	$\cdots$	S_i	$\cdots$	S_N	$\displaystyle\sum_{i=1}^{N} Si$

単調増加の場合

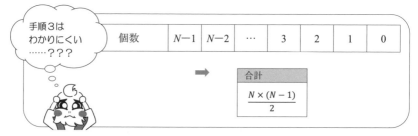

個数	$N-1$	$N-2$	$\cdots$	3	2	1	0

合計
$\dfrac{N \times (N-1)}{2}$

手順3は
わかりにくい
……???

例題 トレンドの検定の手順（正のトレンドの場合）——①

手順1 仮説と対立仮説をたてます.

仮説　　H_0：時系列データにトレンドはない
対立仮説 H_1：時系列データに正のトレンドがある

手順2 時系列データに順位をつけます.

時間	4 月	5 月	6 月	7 月	8 月	9 月	10 月
時系列データ	11%	15%	22%	18%	25%	32%	24%
時系列の順位	1	2	4	3	6	7	5

手順3 順位 γ_i（$i = 1, 2, \cdots, N$）の右側の順位 γ_j（$i < j$）で
γ_i よりも大きい順位（$\gamma_i < \gamma_j$）の個数 S_i と
その合計 $\sum\limits_{i=1}^{N} Si$ を計算します.

時間	4 月	5 月	6 月	7 月	8 月	9 月	10 月	
時系列データ	11%	15%	22%	18%	25%	32%	24%	
時系列の順位	1	2	4	3	6	7	5	合計
個数	6	5	3	3	1	0	0	18

> 4 月の **11%** より
> 大きいのは
> 5 月から **10** 月までの
> 全部なので 6 個

> 6 月の **22%** より
> 大きいのは **8** 月と
> **9** 月と **10** 月なので
> 3 個になります

公式 トレンドの検定の手順（正のトレンドの場合）── ②

手順4 検定統計量 T を計算します.

$$T = 2 \times \sum_{i=1}^{N} S_i - \frac{N \times (N-1)}{2}$$

単調増加と
比較しています

手順5 トレンドの数表を利用して，有意確率（片側）を求めます.

有意確率（片側）$= P(X \geq T)$

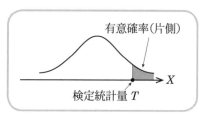

有意確率（片側）

検定統計量 T

X

手順6 有意確率（片側）と有意水準 $\alpha = 0.05$ を比較して

有意確率（片側）$\leq$ 有意水準 0.05

ならば，仮説 H_0 を棄却します.

仮説 H_0 が棄却されたら

"この時系列データには正のトレンドがある"

と考えられます.

トレンドの数表は
254 ページを
見てください

手順4　検定統計量 T を計算します．

$$T = 2 \times 18 - \frac{7 \times (7-1)}{2}$$
$$= 15$$

手順5　トレンドの数表を利用して，有意確率（片側）を求めます．

$$有意確率（片側）= P\,(X \geq 15)$$
$$= 0.015$$

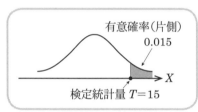

手順6　有意確率（片側）0.015 と有意水準 0.05 を比較すると

$$有意確率（片側）0.015 \leq 有意水準 0.05$$

なので，仮説 H_0 は棄却されます．

したがって
　　　"この投資収益率には正のトレンドがある"
ということがわかりました．

いまが投資の
チャンス？

手順1 仮説と対立仮説をたてます.

> 仮説 H_0：時系列データにトレンドはない
> 対立仮説 H_1：時系列データに負のトレンドがある

手順2 時系列データ x_i に順位 γ_i をつけます.

時間	t_1	t_2	$\cdots$	t_i	$\cdots$	t_N
時系列データ	x_1	x_2	$\cdots$	x_i	$\cdots$	x_N
時系列の順位	γ_1	γ_2	$\cdots$	γ_i	$\cdots$	γ_N

手順3 順位 γ_i $(i = 1, 2, \cdots, N)$ の右側の順位 γ_j $(i < j)$ で
γ_i よりも大きい順位 $(\gamma_i < \gamma_j)$ の個数 S_i と
その合計 $\sum_{i=1}^{N} S_i$ を計算します.

時間	t_1	t_2	$\cdots$	t_i	$\cdots$	t_N	
時系列データ	x_1	x_2	$\cdots$	x_i	$\cdots$	x_N	
時系列の順位	γ_1	γ_2	$\cdots$	γ_i	$\cdots$	γ_N	合計
個数	S_1	S_2	$\cdots$	S_i	$\cdots$	S_N	$\sum_{i=1}^{N} S_i$

手順3は
わかりにくい
……かも？

例題 トレンドの検定の手順（負のトレンドの場合）── ①

手順1 仮説と対立仮説をたてます.

仮説　　H_0：時系列データにトレンドはない

対立仮説 H_1：時系列データに負のトレンドがある

手順2 時系列データ x_i に順位 γ_i をつけます.

時間	1	2	3	4	5	6	7
時系列データ	24	32	25	18	22	15	11
時系列の順位	5	7	6	3	4	2	1

手順3 順位 γ_i $(i = 1, 2, \cdots, N)$ の右側の順位 γ_j $(i < j)$ で
γ_i よりも大きい順位 $(\gamma_i < \gamma_j)$ の個数 S_i と
その合計 $\sum_{i=1}^{N} S_i$ を計算します.

時間	1	2	3	4	5	6	7	
時系列データ	24	32	25	18	22	15	11	
時系列の順位	5	7	6	3	4	2	1	合計
個数	2	0	0	1	0	0	0	3

時間1の24より
大きいのは
時間2と時間3の
2個です

時間4の18より
大きいのは
時間5の1個ですね

トレンドの検定の手順（負のトレンドの場合）──②

手順4 検定統計量 T を計算します.

単調減少と
比較しています

$$T = 2 \times \sum_{i=1}^{N} S_i - \frac{N \times (N-1)}{2}$$

手順5 トレンドの数表を利用して，有意確率（片側）を求めます.

有意確率（片側）$= P\,(X \geqq |T|)$

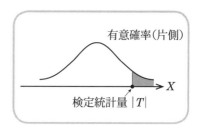

有意確率（片側）

X

検定統計量 $|T|$

手順6 有意確率（片側）と有意水準 0.05 を比較して

有意確率（片側）$\leqq$ 有意水準 0.05

のとき，仮説 H_0 を棄却します.

仮説 H_0 が棄却されると

"この時系列データには負のトレンドがある"

ということがわかります.

もう一度
トレンドの数表を
見るべし！

手順4 検定統計量 T を計算します.

$$T = 2 \times 3 - \frac{7 \times (7-1)}{2}$$

$$= -15$$

手順5 トレンドの数表を利用して，有意確率（片側）を求めます.

$$有意確率（片側）= P(X \geq |-15|)$$

$$= P(X \geq 15)$$

$$= 0.015$$

有意確率(片側) 0.015

検定統計量 $|T| = 15$

手順6 有意確率（片側）0.015 と有意水準 0.05 を比較すると

$$有意確率（片側）0.015 \leq 有意水準 0.05$$

なので，仮説 H_0 は棄却されます.

したがって

　　"この時系列データには負のトレンドがある"

といってよさそうです.

負のトレンドの場合は
絶対値 $|T|$
となります

■ Excel によるトレンドの検定の手順──正のトレンドの場合

手順1　次のように入力しておきます.

	A	B	C	D	E	F	G
1	時間	時系列	順位	個数	検定統計量		
2	4月	11					
3	5月	15					
4	6月	22					
5	7月	18					
6	8月	25					
7	9月	32					
8	10月	24					
9							

手順2　次に，C2 から C8 までをドラッグします.

	A	B	C	D	E	F	G
1	時間	時系列	順位	個数	検定統計量		
2	4月	11					
3	5月	15					
4	6月	22					
5	7月	18					
6	8月	25					
7	9月	32					
8	10月	24					
9							

時系列データの順位を求めます

手順3　続いて，関数 *fx* をクリックして，次のように
　　　　[RANK] を選択したら，[OK] をクリック.

この本では
Excel 2019/365 を
使っています

手順4 次のように入力して, [Ctrl] + [Shift] + [Enter] を
同時に押します.

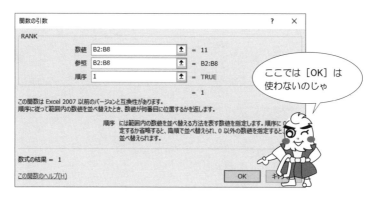

ここでは [OK] は
使わないのじゃ

手順5 次のようになりましたか?

	A	B	C	D	E	F	G
1	時間	時系列	順位	個数	検定統計量		
2	4月	11	1				
3	5月	15	2				
4	6月	22	4				
5	7月	18	3				
6	8月	25	6				
7	9月	32	7				
8	10月	24	5				
9							

手順6 D2 のセルをクリックします. C3 から C8 の中で, C2 の順位より
大きい順位の個数を数えて入力します.

	A	B	C	D	E	F	G
1	時間	時系列	順位	個数	検定統計量		
2	4月	11	1	6			
3	5月	15	2				
4	6月	22	4				
5	7月	18	3				
6	8月	25	6				
7	9月	32	7				
8	10月	24	5				
9							

C2 のセルの 1よりも
大きい順位は
{2 4 3 6 7 5}
の6個あるので
6
と入力します

手順7 D3からD8まで，同様の操作をくり返します．

	A	B	C	D	E	F	G
1	時間	時系列	順位	個数	検定統計量		
2	4月	11	1	6			
3	5月	15	2	5			
4	6月	22	4	3			
5	7月	18	3	3			
6	8月	25	6	1			
7	9月	32	7	0			
8	10月	24	5	0			
9							

手順8 D9のセルに ＝SUM(D2：D8) と入力して……

	A	B	C	D	E	F	G
1	時間	時系列	順位	個数	検定統計量		
2	4月	11	1	6			
3	5月	15	2	5			
4	6月	22	4	3			
5	7月	18	3	3			
6	8月	25	6	1			
7	9月	32	7	0			
8	10月	24	5	0			
9				18			
10							
11							

これが
合計じゃな

手順9 最後に，検定統計量を計算します．

E2のセルに ＝2＊D9－7＊(7－1)/2 と入力します．

E2	▾	× ✓ fx	=2*D9-7*(7-1)/2				
	A	B	C	D	E	F	G
1	時間	時系列	順位	個数	検定統計量		
2	4月	11	1	6	15		
3	5月	15	2	5			
4	6月	22	4	3			
5	7月	18	3	3			
6	8月	25	6	1			
7	9月	32	7	0			
8	10月	24	5	0			
9				18			
10							

$$T = 2 \times 合計 - \frac{N(N-1)}{2}$$

手順10 トレンドの数表を使って，有意確率（片側）を求めます．

表 4.5　トレンドの検定のための右スソの確率

$$P\ (X \geq T)$$

T \ N	6	7	10
1	0.500	0.500	0.500
3	0.360	0.386	0.431
5	0.235	0.281	0.364
7	0.136	0.191	0.300
9	0.068	0.119	0.242
11	0.028	0.068	0.190
13	0.008	0.035	0.146
15	0.001	0.015	0.108
17		0.005	0.078
19		0.001	0.054
21		0.000	0.036
23			0.023
25			0.014
27			0.008
29			0.005

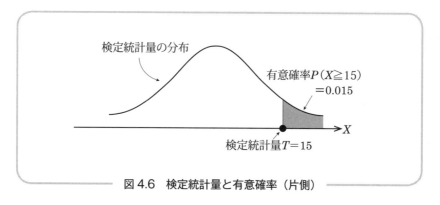

図 4.6　検定統計量と有意確率（片側）

5章 周期変動と季節変動

Section 5.1 周期変動

インフルエンザや花粉症といった疾患は，何年かに一度大流行します.

次のデータは，ある地域において発生した過去 60 年間の風土病の患者数です.

表 5.1 60 年間の風土病患者数

年	患者数	年	患者数	年	患者数
1 年	632	21 年	830	41 年	657
2 年	783	22 年	386	42 年	1070
3 年	577	23 年	359	43 年	755
4 年	1491	24 年	778	44 年	1629
5 年	828	25 年	739	45 年	938
6 年	312	26 年	1288	46 年	328
7 年	429	27 年	505	47 年	353
8 年	684	28 年	553	48 年	436
9 年	706	29 年	378	49 年	568
10 年	293	30 年	430	50 年	584
11 年	331	31 年	966	51 年	440
12 年	284	32 年	951	52 年	315
13 年	529	33 年	1307	53 年	1507
14 年	485	34 年	582	54 年	669
15 年	1117	35 年	335	55 年	994
16 年	281	36 年	643	56 年	680
17 年	288	37 年	691	57 年	277
18 年	334	38 年	744	58 年	469
19 年	506	39 年	369	59 年	851
20 年	851	40 年	428	60 年	765

Excel を使って，この時系列データのグラフを描いてみると次のようになります．

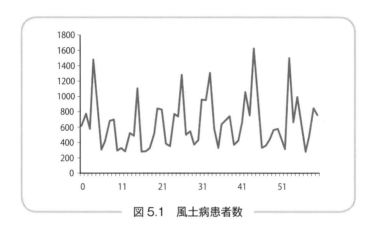

図 5.1　風土病患者数

このグラフを見ると，風土病の患者数は増加と減少をくり返していることがわかります．

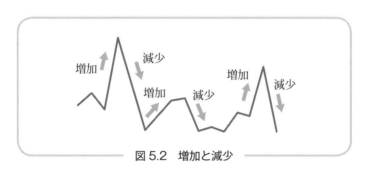

図 5.2　増加と減少

このような
くり返しのある時系列データを

周期変動

といいます．

■ 周期変動で大切な点は？

周期変動で大切な点は，次の2つです．

| その1 | その時系列データはどのような周期で
くり返しているのか？ |

もう一度，風土病患者数の時系列グラフを見てみましょう．

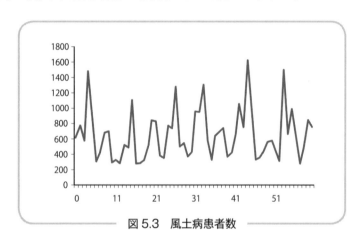

図 5.3　風土病患者数

このグラフは増加・減少をくり返していますが
その周期は何年なのでしょうか？

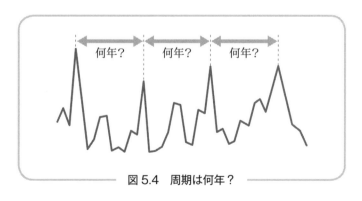

図 5.4　周期は何年？

その2	その時系列データが周期変動しているとしたら 明日の値は?

このようなときは

- 指数平滑化

- ARMA (p, q) モデル

などを利用して,明日の値を予測することができます.

定常時系列には
ARMA モデル
でござるよ

スペクトル分析のピリオドグラムで
周期を調べることができます

Section 5.2　季節変動

次の時系列データは，デパートの販売額です．

表 5.2　6 年間のデパートの販売額

年	月	販売額	年	月	販売額	年	月	販売額
2017 年	1 月	89	2019 年	1 月	88	2021 年	1 月	88
	2 月	73		2 月	74		2 月	70
	3 月	94		3 月	97		3 月	90
	4 月	87		4 月	87		4 月	81
	5 月	86		5 月	86		5 月	82
	6 月	86		6 月	87		6 月	80
	7 月	118		7 月	112		7 月	105
	8 月	73		8 月	74		8 月	70
	9 月	77		9 月	79		9 月	71
	10 月	92		10 月	93		10 月	87
	11 月	91		11 月	94		11 月	87
	12 月	144		12 月	141		12 月	125
2018 年	1 月	85	2020 年	1 月	89	2022 年	1 月	85
	2 月	71		2 月	72		2 月	70
	3 月	92		3 月	98		3 月	88
	4 月	85		4 月	84		4 月	80
	5 月	85		5 月	85		5 月	79
	6 月	84		6 月	81		6 月	77
	7 月	114		7 月	107		7 月	99
	8 月	72		8 月	72		8 月	66
	9 月	77		9 月	75		9 月	71
	10 月	89		10 月	89		10 月	84
	11 月	91		11 月	91		11 月	84
	12 月	140		12 月	129		12 月	123

Excel を利用して，時系列グラフを描いてみると……

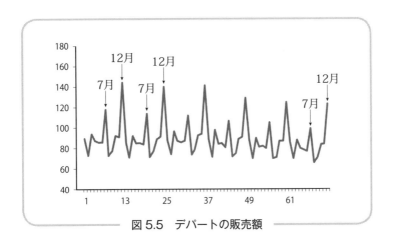

図 5.5　デパートの販売額

　このグラフを見ると，毎年 7 月と 12 月に販売額が増加していることが
わかります．

　このような 1 年単位の周期変動や，春夏秋冬といった周期変動を

季節変動

といいます．

　経済時系列分析では，この季節変動の取り扱いはとても重要です．

いろいろな季節変動を
探しに参ろうぞ！

■ 季節変動に対する統計処理——12カ月移動平均

季節変動に対する統計処理のひとつに

12カ月移動平均

があります.

12カ月移動平均とは，12カ月ごとにデータの平均をとり
データの変動をなめらかにするという手法です.

たとえば，表5.2のデパートの販売額に対して12カ月移動平均をとると
季節変動が除去されて，時系列グラフは次の図のようになります.

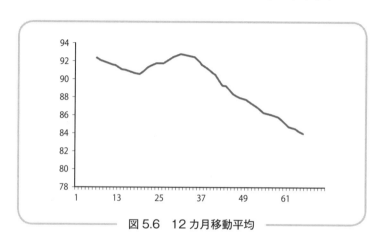

図5.6　12カ月移動平均

図5.5と比較してみると，毎月の変動が薄れて
デパートの販売額が負のトレンドになっていることが読み取れます.

■ **季節変動に対する統計処理**──季節性の分解

季節変動に対する統計処理のひとつに

季節性の分解

という方法があります.

季節性の分解とは,年・月のような日付けのついた時系列データを

トレンド＋周期変動　　季節変動　　不規則変動

の3つの時系列に分解する手法のことです.

次の図を見ると,季節性の分解の様子がよくわかります.

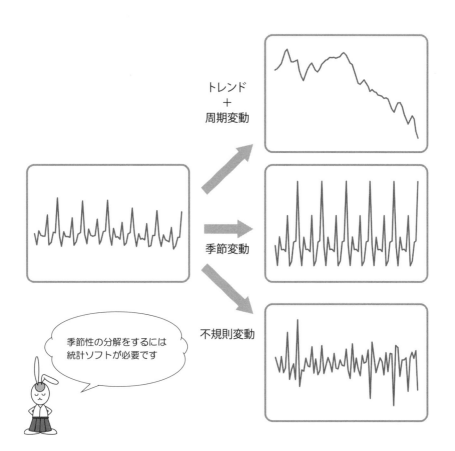

入門はじめてのスペクトル分析

スペクトル分析の理解は，周期変動のグラフから始まります．

"周期" について学ぶために，まず

$$\sin\left(\frac{\pi}{2}x\right) \qquad \sin\left(\frac{\pi}{3}x\right) \qquad \sin\left(\frac{\pi}{6}x\right)$$

という3つの三角関数からなるグラフを，Excel で描いてみましょう．

$$f(x) = 10 \times \sin\left(\frac{\pi}{2}x\right) + 1 \times \sin\left(\frac{\pi}{3}x\right) + 1 \times \sin\left(\frac{\pi}{6}x\right)$$

■ **Excel による周期関数のグラフの手順**

手順1　次のように入力しておきます．

	A	B	C	D	E	F	G	H
1	x	f(x)						
2	0							
3	1							
4	2							
5	3							
6	4							
7	5							
8	6							
9	7							
10	8							
11	9							
12	10							
13	11							
14	12							
15	13							
	14							
19								
20	18							
21	19							
22	20							
23	21							
24	22							
25	23							
26	24							
27								

三角関数は
周期関数です

手順2　B2 のセルに，次の式を入力します．

$$= 10 * \text{SIN}(\text{PI}(\ ) * \text{A2}/2) + 1 * \text{SIN}(\text{PI}(\ ) * \text{A2}/3)$$
$$+ 1 * \text{SIN}(\text{PI}(\ ) * \text{A2}/6)$$

B2	▼	:	× ✓ *fx*	=10*SIN(PI()*A2/2)+1*SIN(PI()*A2/3)+1*SIN(PI()*A2/6)				
◢	A	B	C	D	E	F	G	H
1	x	f(x)						
2	0	0						
3	1							
4	2							
5	3							
6	4							
7	5							
8	6							
9	7				$\pi = \text{PI}(\ )$			
10	8							
11	9							

手順3　B2 をコピーして，B3 から B26 まで貼り付けます．

◢	A	B	C	D	E	F	G	H
1	x	f(x)						
2	0	0						
3	1	11.366025						
4	2	1.7320508						
5	3	−9						
6	4	−2.11E−15						
7	5	9.6339746						
8	6	3.553E−15						
9	7	−9.633975						
10	8	−4.11E−15						
11	9	9						
12	10	−1.732051						
13	11	−11.36603						
14	12	−8.09E−15			数式の入力は			
15	13	11.366025			コピー・貼り付けを			
16	14	1.7320508			利用すると			
	15				カンタンじゃな			
20		ᴜᴜE−14						
21	19	−9.633975						
22	20	−1.24E−14						
23	21	9						
24	22	−1.732051						
25	23	−11.36603						
26	24	−1.62E−14						
27								

手順4　B1 から B26 の範囲を指定して，[挿入] ⇒ [折れ線] から
次のように選択すると……

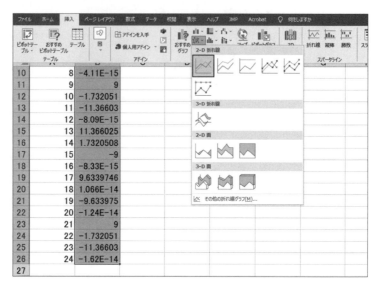

手順5　三角関数のグラフが描けます.

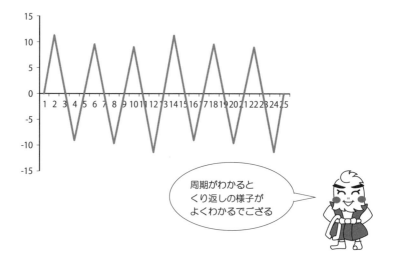

周期がわかると
くり返しの様子が
よくわかるでござる

■ 周期 4 のモデル

周期関数 $f(x)$

$$f(x) = 10 \times \sin\left(\frac{\pi}{2}x\right) + 1 \times \sin\left(\frac{\pi}{3}x\right) + 1 \times \sin\left(\frac{\pi}{6}x\right)$$

のグラフは，次のようになりました.

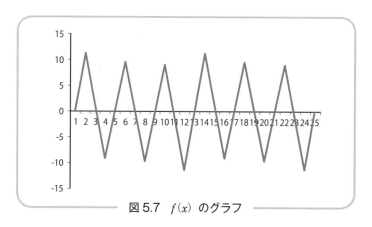

図 5.7　$f(x)$ のグラフ

この時系列グラフは典型的な周期変動をしています.

このグラフを見ると，次のパターン

が 0 から 24 までの間に，6 回くり返されているので

この時系列グラフの**周期**は

$$周期 = \frac{24}{6}$$
$$= 4$$

と考えられます.

関数の周期 p
$f(x) = f(x+p)$
と混同しないように
しましょう

ところで，この"周期4"はどこから来ているのでしょうか？

このグラフは，次の3つの三角関数から構成されています．

$$10 \times \sin\left(\frac{\pi}{2}x\right) \qquad 1 \times \sin\left(\frac{\pi}{3}x\right) \qquad 1 \times \sin\left(\frac{\pi}{6}x\right)$$

それぞれの三角関数のグラフを描いてみましょう．

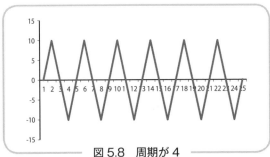

図 5.8　周期が 4

$$10 \times \sin\left(\frac{\pi}{2}x\right)$$

周期が $\dfrac{24}{6} = 4$

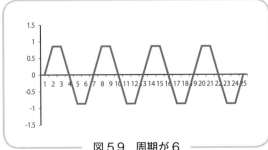

図 5.9　周期が 6

$$1 \times \sin\left(\frac{\pi}{3}x\right)$$

周期が $\dfrac{24}{4} = 6$

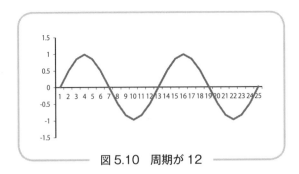

図 5.10　周期が 12

$$1 \times \sin\left(\frac{\pi}{6}x\right)$$

周期が $\dfrac{24}{2} = 12$

したがって

$$f(x) = 10 \times \sin\left(\frac{\pi}{2}x\right) + 1 \times \sin\left(\frac{\pi}{3}x\right) + 1 \times \sin\left(\frac{\pi}{6}x\right)$$

のグラフのパターンは，三角関数

$$10 \times \sin\left(\frac{\pi}{2}x\right)$$

の周期の影響によるものだということがわかります．

その理由は？？

3つの三角関数はそれぞれ周期関数なのですが

"グラフの周期が4"

になった理由は，三角関数の係数の大きさにあります．

$$\boxed{10} \times \sin\left(\frac{\pi}{2}x\right) + \boxed{1} \times \sin\left(\frac{\pi}{3}x\right) + \boxed{1} \times \sin\left(\frac{\pi}{6}x\right)$$

次の図を見ても，係数が大きいとグラフの波も大きくなりますから
周期に対する影響も大きくなりそうですね．

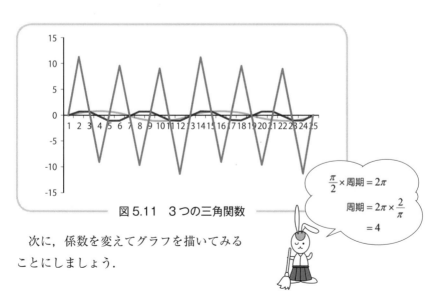

図 5.11　3つの三角関数

$$\frac{\pi}{2} \times 周期 = 2\pi$$
$$周期 = 2\pi \times \frac{2}{\pi}$$
$$= 4$$

次に，係数を変えてグラフを描いてみる
ことにしましょう．

■ 周期6のモデル

次の周期関数

$$g(x) = \boxed{1} \times \sin\left(\frac{\pi}{2}x\right) + \boxed{10} \times \sin\left(\frac{\pi}{3}x\right) + \boxed{1} \times \sin\left(\frac{\pi}{6}x\right)$$

のグラフを Excel で描いてみましょう.

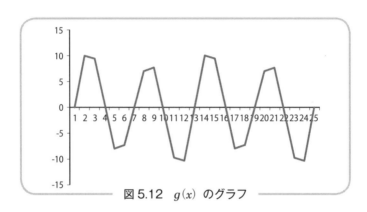

図 5.12　$g(x)$ のグラフ

このグラフは，次のパターン

が0から24までの間に，4回くり返されていますから
この時系列グラフの周期は

$$周期 = \frac{24}{4}$$
$$= 6$$

と考えられます.

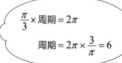

$$\frac{\pi}{3} \times 周期 = 2\pi$$
$$周期 = 2\pi \times \frac{3}{\pi} = 6$$

係数の
いちばん大きい三角関数は
$$\sin\left(\frac{\pi}{3}x\right)$$
だから周期は6じゃな

■ 周期 12 のモデル

次の周期関数

$$h(x) = \boxed{1} \times \sin\left(\frac{\pi}{2}x\right) + \boxed{1} \times \sin\left(\frac{\pi}{3}x\right) + \boxed{10} \times \sin\left(\frac{\pi}{6}x\right)$$

のグラフを Excel で描いてみましょう.

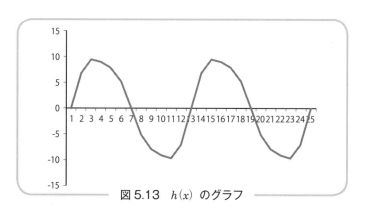

図 5.13　$h(x)$ のグラフ

このグラフは, 次のパターン

が 0 から 24 までの間に, 2 回くり返されていますから
この時系列グラフの**周期**は

$$周期 = \frac{24}{2}$$
$$= 12$$

と考えられます.

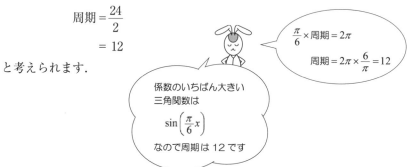

$\dfrac{\pi}{6} \times 周期 = 2\pi$

$周期 = 2\pi \times \dfrac{6}{\pi} = 12$

係数のいちばん大きい
三角関数は

$$\sin\left(\frac{\pi}{6}x\right)$$

なので周期は 12 です

■ いままでのことからわかったことは？

いままでのことから

> 三角関数で構成された周期変動をしている
> 時系列グラフの周期は，係数の最も大きい三角関数の
> 周囲の影響を強く受ける

ことがわかりました．

そこで

> 周期変動をしている時系列データが
>
> $$\frac{A_0}{2} + \sum_{i=1}^{\infty} \left\{ A_i \times \cos\left(\frac{i}{L} \times 2\pi x\right) + B_i \times \sin\left(\frac{i}{L} \times 2\pi x\right) \right\}$$
>
> のように表現されるなら，その時系列の周期は
>
> 係数 A_i，B_i の大きい三角関数の周期 $\frac{L}{i}$ から求められる

と考えてよさそうです．

これが
フーリエ級数じゃ！

フーリエ係数の
大小に注目せよ！

次の三角関数から構成されている式

$$\frac{A_0}{2} + \sum_{i=1}^{\infty} \left\{ A_i \times \cos\left(\frac{i}{L} \times 2\pi x\right) + B_i \times \sin\left(\frac{i}{L} \times 2\pi x\right) \right\}$$

をフーリエ級数といい

$$A_0, \ A_1, \ A_2, \ A_3, \ A_4, \ \cdots$$

をフーリエ係数といいます．

詳しい説明は
194 ページです

■ スペクトル分析とは？

ということは

> スペクトル分析とは
> 周期変動している時系列データの周期や周波数を
> 次の手順で求める手法のこと

ですね！

手順1　周期変動の時系列データ $\{x(t)\}$ が与えられたら

時間	1	2	3	…	t	…	N
時系列	$x(1)$	$x(2)$	$x(3)$	…	$x(t)$	…	$x(N)$

手順2　この時系列データ $\{x(t)\}$ を
　　　　次のようにフーリエ級数で表現して……

$$x(t) = \frac{A_0}{2} + \sum_{i=1}^{q} \left\{ A_i \times \cos\left(\frac{i}{N} \times 2\pi\,(t-1)\right) + B_i \times \sin\left(\frac{i}{N} \times 2\pi\,(t-1)\right) \right\}$$

$$\text{ただし,}\ q = \begin{cases} \dfrac{N}{2} & \cdots\cdots\ N\,\text{が偶数のとき} \\[2mm] \dfrac{N-1}{2} & \cdots\cdots\ N\,\text{が奇数のとき} \end{cases}$$

手順3　ピリオドグラム

$$\frac{N}{2} \times \{A_i^2 + B_i^2\}$$

の大きい三角関数の周期や周波数を求めます.

ピリオドグラムとは
62 ページのような
図のことです

周波数×周期＝2π

■ ピリオドグラムの求め方

このように，周期変動の周期と周波数を求めるためには
ピリオドグラムの計算が必要となります．

では，このピリオドグラムは，どのようにして求めるのでしょうか？

手順どおりに

時系列データ　⇨　フーリエ級数　⇨　ピリオドグラム

のように求めるのでしょうか？

ところが，この求め方はカンタンではありません．

このようなときには，統計解析用ソフトを利用しましょう．

■ SPSS による出力結果

周期関数 $f(x)$ のピリオドグラムは，次のように出力されます．

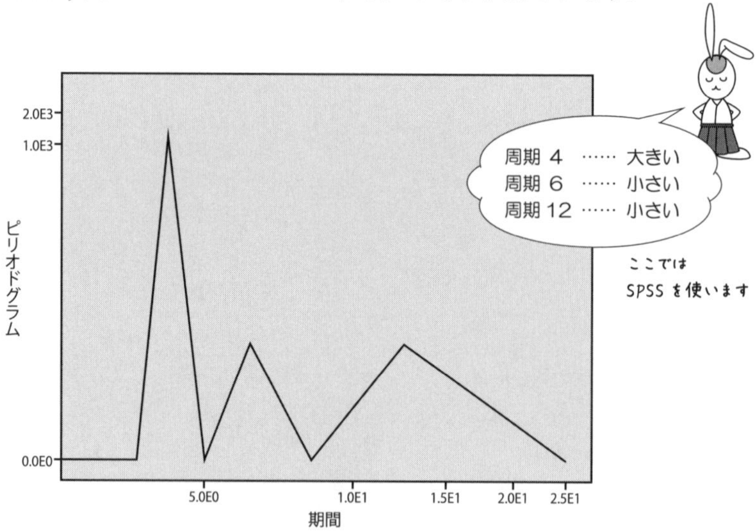

図 5.14　$f(x)$ のピリオドグラム

周期関数 $g(x)$ のピリオドグラムは，次のようになります．

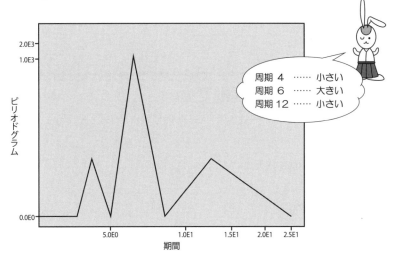

図 5.15　$g(x)$ のピリオドグラム

周期関数 $h(x)$ のピリオドグラムは，次のようになりました．

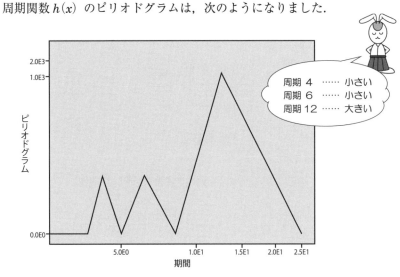

図 5.16　$h(x)$ のピリオドグラム

6章 不規則変動とホワイトノイズ

Section 6.1　不規則変動

　次の折れ線グラフにはトレンドがあるように見えないし，かといって周期変動のようにも見えません．

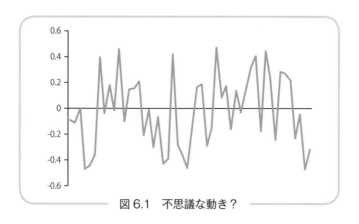

図 6.1　不思議な動き？

　この不思議な時系列は

不規則変動

と呼ばれているもので

"いろいろな時系列の中で最も重要な時系列"

です．

Key Word　不規則変動：random variation

不規則変動は，次のように定義されます．

不規則変動の定義

データの動きが

　　　　"時間の経過によらない時系列データ"

のことを**不規則変動**という．

つまり
"ランダム"という
ことでござるな？

ところで，トレンドや周期変動は

　　　　"時間の経過による変動"

という表現をすることもあるので，次の図と見比べてみましょう．

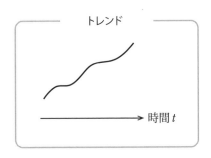

トレンド

時間 t

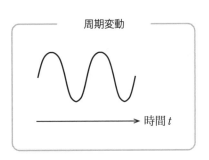

周期変動

時間 t

トレンド
　…… 時間 t と共に増加

周期変動
　…… 時間 t と共にくり返す

■ 不規則変動で大切な点は？

不規則変動で大切な点というと，次の２つがあります．

その1	その時系列データは不規則変動なのかどうか？

このようなときは，連の総数を利用して
ランダムな状態がどうかを検定してみましょう．

"不規則" は
こんなふうに
表現されている
のじゃな？

ランダム：手当たり次第

でたらめ：筋の通らないことや、その様子。
　　　　　また、その言動。*random*

乱数　　：反復しないで、何の規則性もないように
　　　　　並べられた数

不規則変動の定義は
少しアイマイ
なので……

実際には
不規則変動のかわりに
ホワイトノイズを
使うことが多いようです

1） 同一分布に従う独立な確率変数の実現値の系列と
みなしうる数列（科学大辞典）

2） ある過程が確率的な意味で互いに独立な同一の
一様分布に従う確率変数を発生するものであるとき
その過程は乱数を発生するという（統計用語辞典）

3） 独立で同一分布に従う確率変数の実現値を記録した
有限数列（岩波数学辞典）

これは
"乱数"の解説
でござるよ

　不規則変動の大切な点は

"時間の経過によらない"

ということです.

　そこで

"時間の経過によらない"を"互いに独立に"

と思えば

乱数

を利用して，不規則変動のようなものを作り出すことができそうです.

■ Excel による不規則変動の作り方

手順1　次のように入力しておきます.

	A	B	C	D	E	F	G
1	No.	乱数	不規則変動				
2	1						
3	2						
4	3						
5	4						
6	5						
7	6						
8	7						
9	8						
	9						
97	96						
98	97						
99	98						
100	99						
101	100						
102							

実は
擬似乱数
でござる

Key Word　乱数：random numbers

手順2 B2 のセルに

$$= RAND（）$$

と入力します.

手順3 B2 のセルをコピーして, B3 から B101 まで貼り付けます.

手順4 C2 のセルに

$$= B2 - 0.5$$

と入力します.

C2	▼ :	× ✓	fx	=B2-0.5			
▲	A	B	C	D	E	F	G
1	No.	乱数	不規則変動				
2	1	0.762054	0.262054				
3	2	0.834205					
4	3	0.723541					
5	4	0.388249					
6	5	0.349334					
7	6	0.915807					
8	7	0.522925					
9	8	0.693623					
10	9	0.069187					
11	10	0.151446					

乱数の動きを
−0.5 〜 +0.5
の範囲に変換します

手順5 C2 のセルをコピーして, C3 から C101 まで貼り付けます.

▲	A	B	C	D	E	F	G
1	No.	乱数	不規則変動				
2	1	0.787843	0.287843				
3	2	0.471368	−0.028632				
4	3	0.501457	0.001457				
5	4	0.393516	−0.106484				
6	5	0.753181	0.253181				
7	6	0.247770	−0.252223				
8	7	0.037115	−0.462885				
9	8	0.057232	−0.442768				
10	9	0.488081	−0.011919				
11	10	0.679466	0.179466				
12	11	0.746162	0.246162				
13	12	0.088992	−0.411008				
14	13	0.103429	−0.396571				
24	95	0.819290	0.319290				
25	96	0.322220	−0.177780				
26	97	0.457651	−0.042349				
27	98	0.217294	−0.282706				
28	99	0.760611	0.260611				
29	100	0.550789	0.050789				
30							

手順6 この不規則変動をグラフで表現してみると
次のようになります.

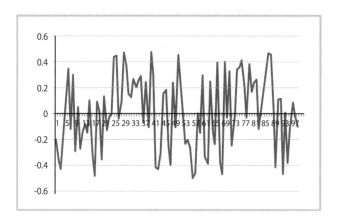

Excelでは，再計算したり
セルの上でダブルクリックしてから
[Enter]キーを押したりすると
新しい乱数が発生して
そのたびに別の不規則変動が現れます

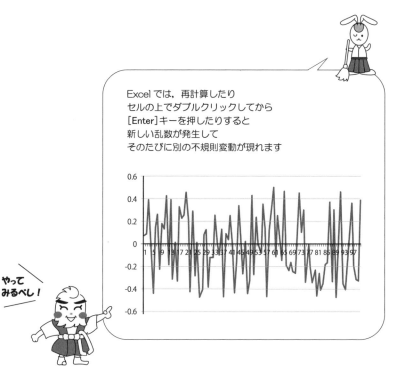

2つの記号 A，B に対して

$$\{\ B\ B\ A\ B\ A\ A\ A\ B\ B\ B\ A\ B\ A\ A\ B\ B\ A\ A\ A\ A\ \}$$

のような列があるとき，同じ記号の連なりを**連**といいます．

この列の場合

最初の BB	……	長さ2のBの連
次の A	……	長さ1のAの連
次の B	……	長さ1のBの連
次の AAA	……	長さ3のAの連

となります．したがって，列について調べると

BB	A	B	AAA	BBB	A	B	AA	BB	AAAA
1	2	3	4	5	6	7	8	9	10

のように，全部で 10 個の連から成り立っていることがわかります．

この 10 を，**連の総数**といい

$$連の総数\ R = 10$$

などと書きます．

この検定を**連による検定**または**ラン検定**といい
ランダムネスを調べるときに利用します．

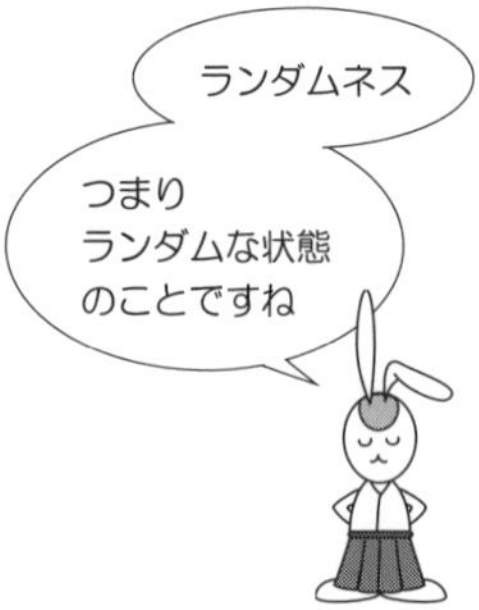

ランダムネス

つまり
ランダムな状態
のことですね

Key Word　連：run　　連による検定：run test

次の例の連の総数を求めてみましょう.

例1.

連の総数 $R = 7$

例2.

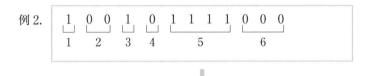

連の総数 $R = 6$

例3.

連の総数 $R = 8$

身のまわりには
どんな連が
あるでしょう

えっと…
なわのれん…？

手順1 仮説と対立仮説をたてます.

仮説　　H_0：時系列データはランダムである

対立仮説 H_1：時系列データはランダムではない

手順2 データの中央値を求めて

データ $\geqq$ 中央値 $\Longrightarrow$ A

データ $<$ 中央値 $\Longrightarrow$ B

とします.

時間	1	2	3	$\cdots$	$N-1$	N
時系列データ	x_1	x_2	x_3	$\cdots$	x_{N-1}	x_N
連	A	A	B	$\cdots$	B	A

中央値の
かわりに……

平均値を
利用する場合も
あります

手順1 仮説と対立仮説をたてます.

仮説　　H_0：時系列データはランダムである

対立仮説 H_1：時系列データはランダムではない

手順2 次の時系列データの中央値は 5.7 なので

$$データ \geqq 5.7 \implies A$$
$$データ < 5.7 \implies B$$

とおきます.

時間	1	2	3	4	5	6	7	8	9	10
時系列データ	6.1	9.8	7.6	5.8	7.3	6.7	8.9	7.2	4.6	4.5
連	A	A	A	A	A	A	A	A	B	B

時間	11	12	13	14	15	16	17	18	19	20
時系列データ	5.7	4.6	3.1	4.7	5.2	6.9	5.7	4.8	3.9	4.5
連	A	B	B	B	B	A	A	B	B	B

平均値にすると
連はどうなるので
ござるか？

公式 連による検定の手順── ②

手順3 検定統計量 T を

$$T = 連の総数$$

とします. このとき

$$N_1 = A の個数$$
$$N_2 = B の個数$$

として,

連による検定の数表から PL, PU を求め

$$T \leqq PL \quad または \quad T \geqq PU$$

ならば, 有意水準5%で仮説を棄却します.

> PL …… 下側棄却限界
> PU …… 上側棄却限界

> 連による検定の数表は
> 256 ページを見るべし!

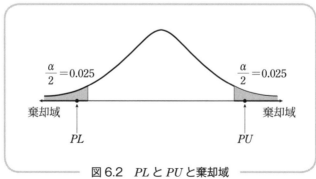

図6.2 PL と PU と棄却域

手順3 検定統計 T を求めると……

$$\underbrace{\text{A A A A A A A}}_{1}\ \underbrace{\text{B B}}_{2}\ \underbrace{\text{A}}_{3}\ \underbrace{\text{B B B B}}_{4}\ \underbrace{\text{A A}}_{5}\ \underbrace{\text{B B B}}_{6}$$

連の総数は 6 なので

$$T = 6$$

となります.

A の個数は $N_1 = 11$ 　　B の個数は $N_2 = 9$

なので，連による検定の数表を見ると

$$PL = 6 \qquad PU = 16$$

となっています.

したがって

$$T = 6 \leqq PL = 6$$

なので，仮説 $\mathrm{H_0}$ は棄却されます.

よって，この時系列データはランダムではないことが
わかりました.

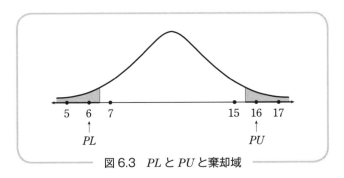

図6.3　PL と PU と棄却域

ホワイトノイズの定義

確率変数の列
$$\{ \cdots \quad X(t-2) \quad X(t-1) \quad X(t) \quad X(t+1) \quad \cdots \}$$
において，それぞれの確率変数 $X(t)$ が，次の性質をみたすとき
この確率変数の列を**ホワイトノイズ**という．

(1) 平均　　$\mathrm{E}(X(t)) = 0$

(2) 分散　　$\mathrm{Var}(X(t)) = \sigma^2$

(3) 共分散　$\mathrm{Cov}(X(t), X(t-s)) = 0$　　$(s = \cdots, -2, -1, 1, 2, \cdots)$

確率変数の列のことを
"確率過程" といいます

　経済時系列モデルでは，誤差の動きとして
ホワイトノイズがよく利用されます．

　その理由は…，

時系列データが

　　　　　　　"不規則変動になっているか？"

を調べるよりも

　　　　　　　"ホワイトノイズになっているか？"

を調べる方がよりやさしいからです．

Key Word　ホワイトノイズ：white noise

ところで，ホワイトノイズの定義 (3) に注目しましょう！

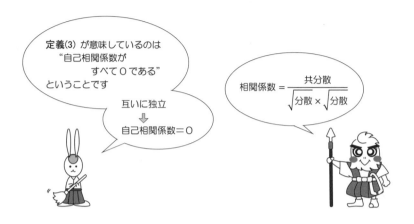

ホワイトノイズは $\mathrm{Var}(X(t)) = \sigma^2$ なので，バラツキは時間 t に依りません．

したがって，ホワイトノイズは 0 を中心にして，一定の幅の間を行ったり来たりしています．

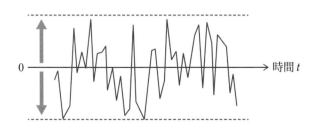

■ リュング・ボックスの検定

時系列データ

$$\{\, x(1) \quad x(2) \quad x(3) \quad \cdots x(t-2) \quad x(t-1) \quad x(t) \,\}$$

に対して,

次の仮説 H_0 が成り立つかどうかを調べる検定を

リュング・ボックスの検定といいます.

$$\text{仮説 } H_0 : \rho(1) = \rho(2) = \rho(3) = \cdots = \rho(m) = 0$$

ただし, $\rho(1)$, $\rho(2)$, $\cdots$, $\rho(m)$ は母自己相関係数です.

標本自己相関係数 ρ_1, ρ_2, $\cdots$, ρ_m と区別する必要があります.

このリュング・ボックスの検定統計量 Q は

$$Q = t \times (t+2) \times \left(\frac{\rho_1{}^2}{t-1} + \frac{\rho_2{}^2}{t-2} + \cdots + \frac{\rho_m{}^2}{t-m} \right)$$

となります.

この検定統計量は自由度 m のカイ 2 乗分布に従うので

有意水準を $\alpha = 0.05$ とすると,棄却域は次のようになります.

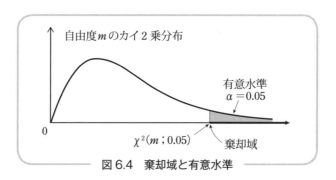

図 6.4　棄却域と有意水準

Key Word　リュング・ボックスの検定：Ljung-Box test

リュング・ボックスの検定をするためには，まず

　　　"時系列データの標本自己相関係数ρ_1, ρ_2, $\cdots$, ρ_m"

を計算しなくてはなりません．

これは大変ですね*!!*

$\rho(m)$ …… 推定量
ρ_m …… 推定値

このようなときには，統計解析用ソフトを利用しましょう．

ここでは，SPSS によるリュング・ボックスの検定の出力結果の
読み取り方を紹介します．

自己相関

時系列: 時系列データ

ラグ	自己相関	標準誤差[a]	Box-Ljung 統計量 値	自由度	有意確率[b]
1	-.041	.099	.175	1	.676
2	.046	.098	.391	2	.823
3	.158	.098	3.026	3	.388
4	-.007	.097	3.032	4	.552
5	.084	.097	3.784	5	.581
6	-.017	.096	3.814	6	.702
7	-.086	.095	4.634	7	.705
8	-.173	.095	7.966	8	.437
9	.059	.094	8.353	9	.499
10	-.178	.094	11.945	10	.289

a. 仮定された基礎となるプロセスは、独立 (ホワイトノイズ) です。
b. 漸近カイ 2 乗近似値に基づいています。

ラグについては
96 ページ参照

リュング・ボックスの検定は
"ボックス・リュングの検定"
ともいうのじゃ

この出力を見ると，それぞれの**ラグ**における
リュング・ボックスの検定統計量が計算されています．
　たとえば……

●ラグ1の行のところでは

$$\boxed{\text{仮説 } H_0 : \rho(1) = 0}$$

を，検定統計量 Q = 0.175 で検定しています．

●ラグ2の行のところでは

$$\boxed{\text{仮説 } H_0 : \rho(1) = \rho(2) = 0}$$

を，検定統計量 Q = 0.391 で検定しています．

●ラグ5の行について，考えてみましょう．
　仮説は

$$\boxed{\text{仮説 } H_0 : \rho(1) = \rho(2) = \rho(3) = \rho(4) = \rho(5) = 0}$$

です．
　このとき，5次までの自己相関係数は

$$\rho_1 = -0.041 \qquad \rho_2 = 0.046 \qquad \rho_3 = 0.158$$
$$\rho_4 = -0.007 \qquad \rho_5 = 0.084$$

なので，リュング・ボックスの検定統計量は

$$Q = 100 \times (100 + 2)$$

$$\times \left\{ \frac{(-0.041)^2}{100-1} + \frac{(0.046)^2}{100-2} + \frac{(0.158)^2}{100-3} + \frac{(-0.007)^2}{100-4} + \frac{(0.084)^2}{100-5} \right\}$$

$$= 3.784$$

となります．

　そこで……

Excel で計算すると
Q = 3.781
になります

自由度 $m = 5$ のカイ 2 乗分布から，棄却域を調べると

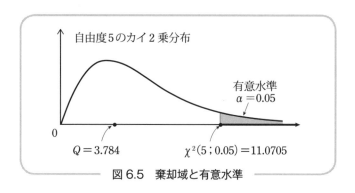

図 6.5　棄却域と有意水準

となるので，この検定統計量 $Q = 3.784$ は棄却域に含まれていません.

したがって，仮説 H_0 は棄却されないので

> "1 次から 5 次までの自己相関係数
> $\rho(1)$, $\rho(2)$, $\cdots$, $\rho(5)$ は，すべて 0 "

と考えてよさそうです.

CHISQ.DIST.RT(3.784, 5)＝0.5809
CHISQ.INV.RT(0.05, 5)＝11.0705

ということは……

この検定は
ホワイトノイズの検定
として利用できそうですね！

78 ページの
ホワイトノイズの定義(3)
を思い出すべし

7 章 時系列データの変換

Section 7.1 差分をとる

時系列データでは

"時系列データをいろいろな形に**変換**する"

ことがよくおこなわれます.

その中で代表的な変換は

1. 差分をとる　　　… （difference）

2. 移動平均をする … （moving average）

3. ラグをとる　　　… （rug）

4. 対数変換をする … （logarithmic transformation）

などです.

● **差分**とは，差をとる操作のことです.

差分は "階差"
ともいいます

Key Word　差分：difference

時系列データ

$$\{ \ x(1) \quad x(2) \quad x(3) \quad \cdots \quad x(t-2) \quad x(t-1) \quad x(t) \ \}$$

に対して

$$\varDelta \, x(t) = x(t) - x(t-1)$$

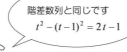

$\varDelta$ は
"差分オペレーター"
でござる

を１次の差分といいます.

● 差分の差分

$$\begin{aligned}
\varDelta^{2} x(t) &= \varDelta \, \{ \varDelta \, x(t) \} \\
&= (x(t) - x(t-1)) - (x(t-1) - x(t-2)) \\
&= x(t) - 2 \times x(t-1) + x(t-2)
\end{aligned}$$

を２次の差分といいます.

表7.1 差分をとる

時間	時系列データ	１次の差分
1	$x(1)$	
2	$x(2)$	$x(2) - x(1)$
3	$x(3)$	$x(3) - x(2)$
4	$x(4)$	$x(4) - x(3)$
⋮	⋮	⋮
$t-1$	$x(t-1)$	$x(t-1) - x(t-2)$
t	$x(t)$	$x(t) - x(t-1)$

差分をとると
n 次式が $(n-1)$ 次式に
なります

階差数列と同じです
$t^2 - (t-1)^2 = 2t - 1$

■ **Excel による差分の手順**

手順1 次のように入力しておきます.

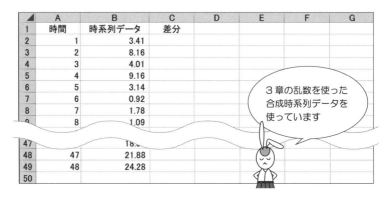

	A	B	C	D	E	F	G
1	時間	時系列データ	差分				
2	1	3.41					
3	2	8.16					
4	3	4.01					
5	4	9.16					
6	5	3.14					
7	6	0.92					
8	7	1.78					
9	8	1.09					
47		18.○					
48	47	21.88					
49	48	24.28					
50							

> 3章の乱数を使った合成時系列データを使っています

手順2 C3 のセルに= B3 − B2 と入力します.

C3　｜ × ✓ *fx*　=B3-B2

	A	B	C	D
1	時間	時系列データ	差分	
2	1	3.41		
3	2	8.16	4.75	
4	3	4.01		
5	4	9.16		
6	5	3.14		

> 8.16−3.41 = 4.75

手順3 C3 のセルをコピーして，C4 から C49 まで貼り付けます.

	A	B	C	D	E	F	G
1	時間	時系列データ	差分				
2	1	3.41					
3	2	8.16	4.75				
4	3	4.01	−4.15				
5	4	9.16	5.15				
6	5	3.14	−6.02				
7	6	0.92	−2.22				
7		.78	.○				
46		14.○	○.48				
47	46	18.55	3.68				
48	47	21.88	3.33				
49	48	24.28	2.40				
50							

> 24.28−21.28 = 2.40

■ なぜ差分をとるのでしょうか？

差分をとると，時系列データのトレンドを消すことができます．
このことを実感してみましょう．

手順1の時系列グラフは，次のようになっています．

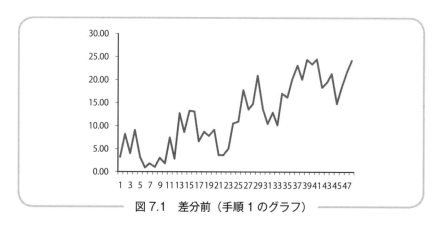

図 7.1　差分前（手順1のグラフ）

この時系列データから差分をとったあとのグラフを
描いてみると，次のようになります．

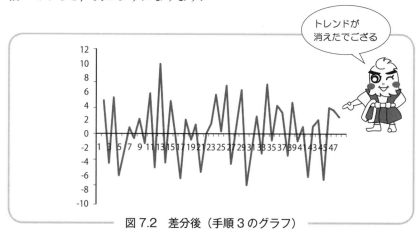

図 7.2　差分後（手順3のグラフ）

Section 7.2 　移動平均をする

移動平均には

　　　　　３項移動平均　　　５項移動平均　　　１２カ月移動平均

などがあります.

　移動平均は,時系列データから季節変動や不規則変動を
取り除く手法です.

３項移動平均の定義

次のように,３つの平均をとることを３項移動平均という.

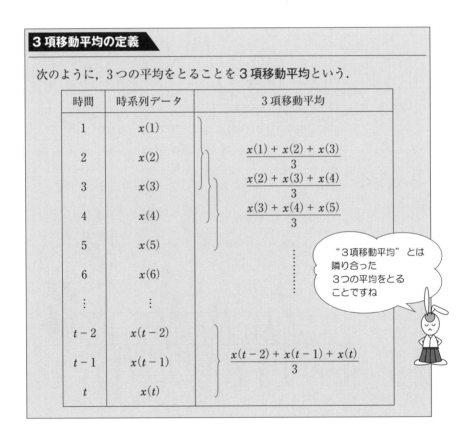

時間	時系列データ	３項移動平均
1	$x(1)$	
2	$x(2)$	$\dfrac{x(1)+x(2)+x(3)}{3}$
3	$x(3)$	$\dfrac{x(2)+x(3)+x(4)}{3}$
4	$x(4)$	$\dfrac{x(3)+x(4)+x(5)}{3}$
5	$x(5)$	
6	$x(6)$	
⋮	⋮	
$t-2$	$x(t-2)$	
$t-1$	$x(t-1)$	$\dfrac{x(t-2)+x(t-1)+x(t)}{3}$
t	$x(t)$	

"３項移動平均"とは
隣り合った
３つの平均をとる
ことですね

5 項移動平均の定義

次のように，5つの平均をとることを5項移動平均という．

時間	時系列データ	5項移動平均
1	$x(1)$	
2	$x(2)$	
3	$x(3)$	$\dfrac{x(1) + x(2) + x(3) + x(4) + x(5)}{5}$
4	$x(4)$	$\dfrac{x(2) + x(3) + x(4) + x(5) + x(6)}{5}$
5	$x(5)$	$\dfrac{x(3) + x(4) + x(5) + x(6) + x(7)}{5}$
6	$x(6)$	$\dfrac{x(4) + x(5) + x(6) + x(7) + x(8)}{5}$
7	$x(7)$	$\dfrac{x(5) + x(6) + x(7) + x(8) + x(9)}{5}$
⋮	⋮	⋮
$t-4$	$x(t-4)$	
$t-3$	$x(t-3)$	
$t-2$	$x(t-2)$	$\dfrac{x(t-4) + x(t-3) + x(t-2) + x(t-1) + x(t)}{5}$
$t-1$	$x(t-1)$	
t	$x(t)$	

つまり
隣り合った
5つの平均を
とることじゃな

次のように，12 カ月の平均をとることを **12 カ月移動平均**という.

時間	時系列データ	12 項移動平均	12 カ月移動平均
1 月	$x(1)$		
2 月	$x(2)$		
3 月	$x(3)$		
4 月	$x(4)$		
5 月	$x(5)$		
6 月	$x(6)$	$\bar{x}(6.5) = \dfrac{x(1) + x(2) + \cdots + x(12)}{12}$	
7 月	$x(7)$	$\bar{x}(7.5) = \dfrac{x(2) + x(3) + \cdots + x(13)}{12}$	$\bar{x}(7) = \dfrac{\bar{x}(6.5) + \bar{x}(7.5)}{2}$
8 月	$x(8)$	$\bar{x}(8.5)$	$\bar{x}(8) = \dfrac{\bar{x}(7.5) + \bar{x}(8.5)}{2}$
9 月	$x(9)$	$\bar{x}(9.5)$	$\bar{x}(9)$
10 月	$x(10)$	$\bar{x}(10.5)$	$\bar{x}(10)$
11 月	$x(11)$	$\bar{x}(11.5)$	$\bar{x}(11)$
12 月	$x(12)$	$\bar{x}(12.5)$	$\bar{x}(12)$
1 月	$x(13)$	$\bar{x}(13.5)$	$\bar{x}(13) = \dfrac{\bar{x}(12.5) + \bar{x}(13.5)}{2}$
2 月	$x(14)$	$\bar{x}(14.5) = \dfrac{x(9) + x(10) + \cdots + x(20)}{12}$	
3 月	$x(15)$		
⋮	⋮		
8 月	$x(20)$		

12 カ月平均をとると時間が
6.5 月　7.5 月　8.5 月　…
となってしまうので
7 月　8 月　9 月　…
とするために
隣どうしの平均をもう一度とります

■ Excel による 12 カ月移動平均の手順

手順 1　次のように入力しておきます.

▲	A	B	C	D	E	F	G
1	年	月	販売額		12か月移動平均		
2	2017年	1月	89				
3		2月	73				
4		3月	94				
5		4月	87				
6		5月	86				
7		6月	86				
8		7月	118				
9		8月	73				
10		9月	77				
11		10月	92				
12		11月	91				
13		12月	144				
14	2018年	1月	85				
15		2月	71				
16		3月	92				
17		4月	85				
18		5月	85				
19		6月	84				
20		7月	114				
21		8月	72				
22		9月	77				
			89				
59		10月					
60		11月	87				
61		12月	125				
62	2022年	1月	85				
63		2月	70				
64		3月	88				
65		4月	80				
66		5月	79				
67		6月	77				
68		7月	99				
69		8月	66				
70		9月	71				
71		10月	84				
72		11月	84				
73		12月	123				
74							

5章で使った
デパートの販売額の
時系列データです

手順2　ここで，Excel の分析ツールを利用します．

[データ] ⇒ [データ分析] から分析ツールを呼び出したら
[移動平均] を選んで [OK].

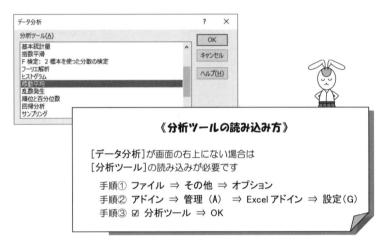

《分析ツールの読み込み方》

[データ分析]が画面の右上にない場合は
[分析ツール]の読み込みが必要です

手順① ファイル ⇒ その他 ⇒ オプション
手順② アドイン ⇒ 管理（A）⇒ Excel アドイン ⇒ 設定（G）
手順③ ☑ 分析ツール ⇒ OK

手順3　次のようにデータの範囲と出力先を入力しましょう．

このとき，[区間] は 12 とします．

そして [OK].

手順 4 次のようになります.

1	年	月	販売額	12か月移動平均		
2	2017年	1月	89	#N/A		
3		2月	73	#N/A		
4		3月	94	#N/A		
5		4月	87	#N/A		
6		5月	86	#N/A		
7		6月	86	#N/A		
8		7月	118	#N/A		
9		8月	73	#N/A		
10		9月	77	#N/A		
11		10月	92	#N/A		
12		11月	91	#N/A		
13		12月	144	92.5		
14	2018年	1月	85	92.166667		
15		2月	71	92		
16		3月	92	91.833333		
17		4月	85	91.666667		
18		5月	85	91.583333		
19		6月	84	91.416667		
20		7月	114	91.083333		
21		8月	72	91		
22		9月	77	91		
			89			
58				.166667		
59		10月	87	87		
60		11月	87	86.666667		
61		12月	125	86.333333		
62	2022年	1月	85	86.083333		
63		2月	70	86.083333		
64		3月	88	85.916667		
65		4月	80	85.833333		
66		5月	79	85.583333		
67		6月	77	85.333333		
68		7月	99	84.833333		
69		8月	66	84.5		
70		9月	71	84.5		
71		10月	84	84.25		
72		11月	84	84		
73		12月	123	83.833333		
74						

これは
12項の平均
だから……

手順5 最後に

E8 のセルに＝(D13＋D14)/2

と入力し，E8 のセルを E9 から E67 までコピー・貼り付けます．

▲	A	B	C	D	E	F	G
1	年	月	販売額		12か月移動平均		
2	2017年	1月	89	#N/A			
3		2月	73	#N/A			
4		3月	94	#N/A			
5		4月	87	#N/A			
6		5月	86	#N/A			
7		6月	86	#N/A			
8		7月	118	#N/A	92.33333333		
9		8月	73	#N/A	92.08333333		
10		9月	77	#N/A	91.91666667		
11		10月	92	#N/A	91.75		
12		11月	91	#N/A	91.625		
13		12月	144	92.5	91.5		
14	2018年	1月	85	92.166666	91.25		
15		2月	71	92	91.04166667		
16		3月	92	91.833333	91		
17		4月	85	91.666667	90.875		
18		5月	85	91.583333	90.75		
19		6月	84	91.416667	90.58333333		
20		7月	114	91.083333	90.54166667		
21		8月	72	91	90.79166667		
		9月	77		91.12...		
58				...66667	...50		
59		10月	87	87	85.875		
60		11月	87	86.666667	85.70833333		
61		12月	125	86.333333	85.45833333		
62	2022年	1月	85	86.083333	85.08333333		
63		2月	70	86.083333	84.66666667		
64		3月	88	85.916667	84.5		
65		4月	80	85.833333	84		
66		5月	79	85.583333	8...		
67		6月	77	85.333333	83.91666...		
68		7月	99	84.833333			
69		8月	66	84.5			
70		9月	71	84.5			
71		10月	84	84.25			
72		11月	84	84			
73		12月	123	83.833333			
74							

12カ月移動平均は
これでござる！

■ なぜ，移動平均をするのでしょうか？

その理由を理解するために，移動平均前と移動平均後のグラフを比べてみましょう．

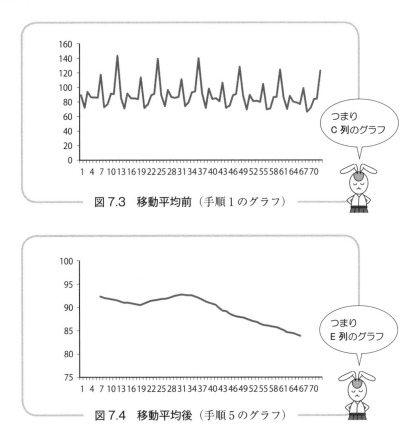

図 7.3　移動平均前（手順 1 のグラフ）

図 7.4　移動平均後（手順 5 のグラフ）

このように，移動平均をすることにより，不規則変動が消去され時系列データの

トレンド　や　周期変動

がはっきり浮かび上がってくるというわけです．

12 カ月移動平均の場合には，12 カ月という季節変動が消去されます．
経済時系列では，この季節変動の取り扱いが重要です．

ラグとは，遅れのことです.

時系列データ

$$\{ \ x(1) \quad x(2) \quad x(3) \quad \cdots \quad x(t-2) \quad x(t-1) \quad x(t) \ \}$$

に対し

$$Lx(t) = x(t-1)$$

L を
"ラグオペレーター"
といいます

を１次のラグといいます.

　２次のラグは

$$L^2 x(t) = L(Lx(t)) = x(t-2)$$

となります.

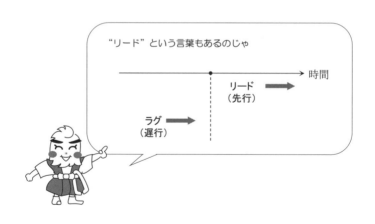

"リード" という言葉もあるのじゃ

時間

リード
（先行）

ラグ
（遅行）

Key Word　ラグ：lag　リード：lead

■ なぜ，ラグをとるのでしょうか？

　時系列分析では，先行指標や遅行指標を見つけ出すことが重要です．

　したがって，1 期前の時系列との関係や 1 期先の時系列との関係を調べておく必要があります．

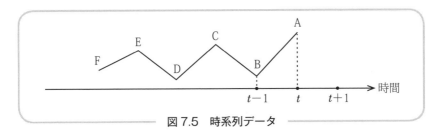

図 7.5　時系列データ

そこで，1 期前との関係を知りたいときには……

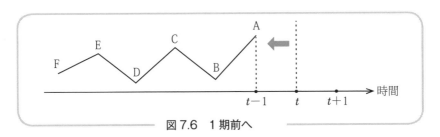

図 7.6　1 期前へ

1 期先との関係を知りたいときには……

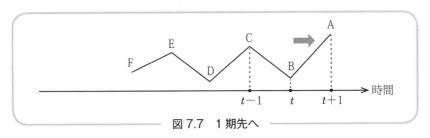

図 7.7　1 期先へ

のように，時系列データを左または右にずらす必要があります．

対数変換をする

対数変換とは，時系列データ $\{x(t)\}$ の対数をとることです．

$$x(t) \quad \Rightarrow \quad \log x(t)$$

■ **Excel による対数変換の手順**

手順1 次のように入力したら，B2 のセルに＝ LN(A2) と入力します．

	A	B	C	D	E	F	G
1	時系列	対数変換					
2	1	0					
3	7						
4	2						
5	8						
6	4						
7	10						
8	8						
9	14						
10							

LN …… 自然対数
LOG10 ……常用対数

手順2 B2 のセルをコピーして，B3 から B9 まで貼り付けます．

	A	B	C	D	E	F	G
1	時系列	対数変換					
2	1	0					
3	7	1.945910					
4	2	0.693147					
5	8	2.079442					
6	4	1.386294					
7	10	2.302585					
8	8	2.079442					
9	14	2.639057					
10							

Key Word   対数変換：logarithmic transformation

■ なぜ，対数変換をするのでしょうか？

対数には，次の重要な性質があります.

●対数の性質

$$A \times B \quad \longrightarrow \quad \log(A \times B) = \log A + \log B$$

積　　　対数変換　　　　　　　　　和

対数には，このように かけ算 を たし算 に変換する性質があり
このことによって，時系列データの変動をおだやかにします.

たとえば，時系列データのグラフを描いて，対数変換をしてみると
次のようになります.

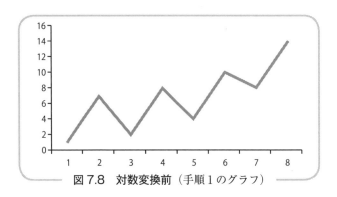

図7.8　対数変換前（手順1のグラフ）

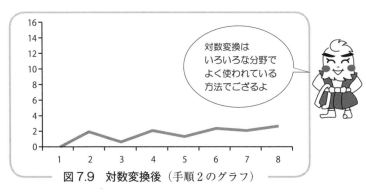

対数変換は
いろいろな分野で
よく使われている
方法でござるよ

図7.9　対数変換後（手順2のグラフ）

8章 はじめての指数平滑化

Section 8.1　指数平滑化

　指数平滑化とは，時系列データ $\{x(t)\}$ において，時点 $t + 1$ の値

$$x(t + 1) = \boxed{?}$$

を予測するための手法です．

表8.1　時系列データ

時間	……	時点 $t-2$	時点 $t-1$	時点 t	時点 $t+1$
実測値	……	$x(t-2)$	$x(t-1)$	$x(t)$	$\boxed{?}$

↑ 2期前　　↑ 1期前　　↑ 現在　　↑ 1期先

　時点 t における1期先の予測値を

$\hat{x}(t, 1)$

とすると，次のようになります．

表8.2　1期先の予測値

時間	……	時点 $t-2$	時点 $t-1$	時点 t	時点 $t+1$
実測値	……	$x(t-2)$	$x(t-1)$	$x(t)$	$\boxed{?}$
予測値	……	$\hat{x}(t-3, 1)$	$\hat{x}(t-2, 1)$	$\hat{x}(t-1, 1)$	$\hat{x}(t, 1)$

Key Word　指数平滑化：exponential smoothing

このとき，次のような関係図を考えてみましょう．

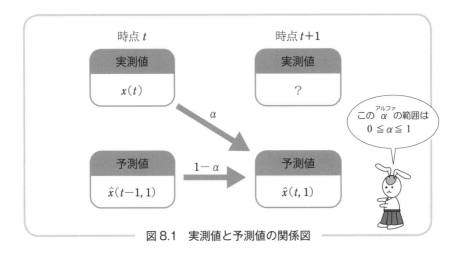

図8.1　実測値と予測値の関係図

つまり，時点 t における1期先の予測値 $\hat{x}(t,\ 1)$ は

実測値 $x(t)$　　　　　からは　　　α　　倍
予測値 $\hat{x}(t-1,1)$　からは　$(1-\alpha)$ 倍

の影響を受けていると考えます．

このことを式で表すと

$$\hat{x}(t,1) = \alpha \times x(t) + (1-\alpha) \times \hat{x}(t-1,1)$$

となります．

この考え方が**指数平滑化**です．

■ 指数平滑化の別の表現

時点 $t-1$ における1期先の予測値 $\hat{x}(t-1, 1)$ は

$$\hat{x}(t-1, 1) = \alpha \times x(t-1) + (1-\alpha) \times \hat{x}(t-2, 1)$$

時点 $t-2$ における1期先の予測値 $\hat{x}(t-2, 1)$ は

$$\hat{x}(t-2, 1) = \alpha \times x(t-2) + (1-\alpha) \times \hat{x}(t-3, 1)$$

$$\vdots$$

したがって、時点 t における1期先の予測値は

$$\hat{x}(t, 1) = \alpha \times x(t) + (1-\alpha) \times \hat{x}(t-1, 1)$$

$$= \alpha \times x(t) + (1-\alpha) \times \{\alpha \times x(t-1) + (1-\alpha) \times \hat{x}(t-2, 1)\}$$

$$= \alpha \times x(t) + \alpha(1-\alpha) \times x(t-1) + (1-\alpha)^2 \times \hat{x}(t-2, 1)$$

$$= \alpha \times x(t) + \alpha(1-\alpha) \times x(t-1)$$
$$+ (1-\alpha)^2 \times \{\alpha \times x(t-2) + (1-\alpha) \times \hat{x}(t-3, 1)\}$$

$$= \alpha \times x(t) + \alpha(1-\alpha) \times x(t-1) + \alpha(1-\alpha)^2 \times x(t-2)$$
$$+ (1-\alpha)^3 \times \hat{x}(t-3, 1)$$

$$\vdots$$

$$\hat{x}(t, 1) = \alpha \times x(t) + \alpha \times (1-\alpha) \times x(t-1) + \alpha \times (1-\alpha)^2 \times x(t-2)$$
$$+ \alpha \times (1-\alpha)^3 \times x(t-3) + \cdots$$

となります.

このように、1期先の予測値 $\hat{x}(t, 1)$ は

"1期前、2期前、3期前、… の実測値から

少しずつ影響を受けている"

と考えるのが指数平滑化ともいえます.

このαは
意味深いのう……

■ α を変えてみると……

　ここでは，α の値をいろいろ変えてみましょう．

▶$\alpha = 0.2$ の場合

$$\hat{x}(t, 1) = 0.2 \times x(t) + 0.2 \times (1 - 0.2) \times x(t-1) + 0.2 \times (1 - 0.2)^2 \times x(t-2) + \cdots$$
$$= \boxed{0.2} \times x(t) + 0.16 \times x(t-1) + 0.128 \times x(t-2) + \cdots$$

▶$\alpha = 0.5$ の場合

$$\hat{x}(t, 1) = 0.5 \times x(t) + 0.5 \times (1 - 0.5) \times x(t-1) + 0.5 \times (1 - 0.5)^2 \times x(t-2) + \cdots$$
$$= \boxed{0.5} \times x(t) + 0.25 \times x(t-1) + 0.125 \times x(t-2) + \cdots$$

▶$\alpha = 0.8$ の場合

$$\hat{x}(t, 1) = 0.8 \times x(t) + 0.8 \times (1 - 0.8) \times x(t-1) + 0.8 \times (1 - 0.8)^2 \times x(t-2) + \cdots$$
$$= \boxed{0.8} \times x(t) + 0.16 \times x(t-1) + 0.032 \times x(t-2) + \cdots$$

▶$\alpha = 1$ の場合

$$x(t, 1) = 1 \times x(t) + 1 \times (1 - 1) \times x(t-1) + 1 \times (1 - 1)^2 \times x(t-2) + \cdots$$
$$= \boxed{1} \times x(t)$$

　したがって，1 期先の予測値 $\hat{x}(t, 1)$ は，

　　　　"α の値が 1 に近いほど

　　　　　　　直前の影響を大きく受けている"

ことになります．

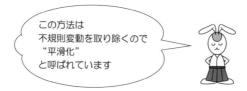

この方法は
不規則変動を取り除くので
"平滑化"
と呼ばれています

指数平滑化では，次の式

$$\hat{x}(t,1) = \alpha \times x(t) + (1 - \alpha) \times \hat{x}(t-1, 1)$$

から，1期先の予測値をカンタンに求めることができます．

▶$\alpha = 0.2$ の場合

時間	時系列データ	1期先の予測値 $\hat{x}(t,1)$
1	$x(1) = 11$	
2	$x(2) = 15$	$\hat{x}(1,1) = 11$
3	$x(3) = 22$	$\hat{x}(2,1) = 0.2 \times x(2) + (1 - 0.2) \times \hat{x}(1,1)$ $= 0.2 \times 15 + (1 - 0.2) \times 11$ $= 11.8$
4	$x(4) = 18$	$\hat{x}(3,1) = 0.2 \times x(3) + (1 - 0.2) \times \hat{x}(2,1)$ $= 0.2 \times 22 + (1 - 0.2) \times 11.8$ $= 13.84$
5	$x(5) = 25$	$\hat{x}(4,1) = 0.2 \times x(4) + (1 - 0.2) \times \hat{x}(3,1)$ $= 0.2 \times 18 + (1 - 0.2) \times 13.84$ $= 14.672$
6	$x(6) = 32$	$\hat{x}(5,1) = 0.2 \times x(5) + (1 - 0.2) \times \hat{x}(4,1)$ $= 0.2 \times 25 + (1 - 0.2) \times 14.672$ $= 16.7376$
7	$x(7) = 24$	$\hat{x}(6,1) = 0.2 \times x(6) + (1 - 0.2) \times \hat{x}(5,1)$ $= 0.2 \times 32 + (1 - 0.2) \times 16.7376$ $= 19.7901$
8	$x(8) = ?$	$\hat{x}(7,1) = 0.2 \times x(7) + (1 - 0.2) \times \hat{x}(6,1)$ $= 0.2 \times 24 + (1 - 0.2) \times 19.7901$ $= 20.6321$

▶ $\alpha = 0.8$ の場合

時間	時系列データ	1期先の予測値 $\hat{x}(t, 1)$
1	$x(1) = 11$	
2	$x(2) = 15$	$\hat{x}(1, 1) = 11$
3	$x(3) = 22$	$\begin{aligned}\hat{x}(2, 1) &= 0.8 \times x(2) + (1 - 0.8) \times \hat{x}(1, 1) \\ &= 0.8 \times 15 + (1 - 0.8) \times 11 \\ &= 14.2\end{aligned}$
4	$x(4) = 18$	$\begin{aligned}\hat{x}(3, 1) &= 0.8 \times x(3) + (1 - 0.8) \times \hat{x}(2, 1) \\ &= 0.8 \times 22 + (1 - 0.8) \times 14.2 \\ &= 20.44\end{aligned}$
5	$x(5) = 25$	$\begin{aligned}\hat{x}(4, 1) &= 0.8 \times x(4) + (1 - 0.8) \times \hat{x}(3, 1) \\ &= 0.8 \times 18 + (1 - 0.8) \times 20.44 \\ &= 18.488\end{aligned}$
6	$x(6) = 32$	$\begin{aligned}\hat{x}(5, 1) &= 0.8 \times x(5) + (1 - 0.8) \times \hat{x}(4, 1) \\ &= 0.8 \times 25 + (1 - 0.8) \times 18.488 \\ &= 23.6976\end{aligned}$
7	$x(7) = 24$	$\begin{aligned}\hat{x}(6, 1) &= 0.8 \times x(6) + (1 - 0.8) \times \hat{x}(5, 1) \\ &= 0.8 \times 32 + (1 - 0.8) \times 23.6976 \\ &= 30.3395\end{aligned}$
8	$x(8) = ?$	$\begin{aligned}\hat{x}(7, 1) &= 0.8 \times x(7) + (1 - 0.8) \times \hat{x}(6, 1) \\ &= 0.8 \times 24 + (1 - 0.8) \times 30.3395 \\ &= 25.2679\end{aligned}$

■ **Excel による指数平滑化の手順**──いろいろな α による予測値と残差

手順1 次のように入力しておきます.

	A	B	C	D	E	F	G	H
1			α＝0.7	α＝0.8	α＝0.9	α＝0.7	α＝0.8	α＝0.9
2	時間	時系列データ	予測値	予測値	予測値	残差	残差	残差
3	1	11						
4	2	15	11	11	11			
5	3	22						
6	4	18						
7	5	25						
8	6	32						
9	7	24						
10	8							
11								
12								
13								
14								
15								

手順2 C5 のセルに＝ 0.7 ＊ B4 ＋ (1−0.7) ＊ C4
D5 のセルに＝ 0.8 ＊ B4 ＋ (1−0.8) ＊ D4
E5 のセルに＝ 0.9 ＊ B4 ＋ (1−0.9) ＊ E4

	A	B	C	D	E	F	G	H
1			α＝0.7	α＝0.8	α＝0.9	α＝0.7	α＝0.8	α＝0.9
2	時間	時系列データ	予測値	予測値	予測値	残差	残差	残差
3	1	11						
4	2	15	11	11	11			
5	3	22	13.8	14.2	14.6			
6	4	18						
7	5	25						
8	6	32						
9	7	24						
10	8							
11								
12								
13								
14								
15								

いろいろな α で
予測値を計算すると
こうなりますが……

手順3 次のように，C5 から E5 までをコピーして
C6 から E10 まで貼り付けます．

	A	B	C	D	E	F	G	H
1			$\alpha=0.7$	$\alpha=0.8$	$\alpha=0.9$	$\alpha=0.7$	$\alpha=0.8$	$\alpha=0.9$
2	時間	時系列データ	予測値	予測値	予測値	残差	残差	残差
3	1	11						
4	2	15	11	11	11			
5	3	22	13.8	14.2	14.6			
6	4	18	19.54	20.44	21.26			
7	5	25	18.462	18.488	18.326			
8	6	32	23.0386	23.6976	24.3326			
9	7	24	29.31158	30.33952	31.23326			
10	8		25.593474	25.267904	24.723326			
11								
12								
13								
14								
15								

予測に最適な
α の値はどれ？

手順4 F4 のセルに＝ B4－C4
G4 のセルに＝ B4－D4
H4 のセルに＝ B4－E4

	A	B	C	D	E	F	G	H
1			$\alpha=0.7$	$\alpha=0.8$	$\alpha=0.9$	$\alpha=0.7$	$\alpha=0.8$	$\alpha=0.9$
2	時間	時系列データ	予測値	予測値	予測値	残差	残差	残差
3	1	11						
4	2	15	11	11	11	4	4	4
5	3	22	13.8	14.2	14.6			
6	4	18	19.54	20.44	21.26			
7	5	25	18.462	18.488	18.326			
8	6	32	23.0386	23.6976	24.3326			
9	7	24	29.31158	30.33952	31.23326			
10	8		25.593474	25.267904	24.723326			
11								
12								
13								
14								
15								

手順5 F4 から H4 をコピーして，F5 から H9 まで貼り付けます．

	A	B	C	D	E	F	G	H
1			α＝0.7	α＝0.8	α＝0.9	α＝0.7	α＝0.8	α＝0.9
2	時間	時系列データ	予測値	予測値	予測値	残差	残差	残差
3	1	11						
4	2	15	11	11	11	4	4	4
5	3	22	13.8	14.2	14.6	8.2	7.8	7.4
6	4	18	19.54	20.44	21.26	-1.54	-2.44	-3.26
7	5	25	18.462	18.488	18.326	6.538	6.512	6.674
8	6	32	23.0386	23.6976	24.3326	8.9614	8.3024	7.6674
9	7	24	29.31158	30.33952	31.23326	-5.31158	-6.33952	-7.23326
10	8		25.593474	25.267904	24.723326			
11								
12								
13								
14								

手順6 F10 のセルに＝ SUMSQ（F4：F9）

G10 のセルに＝ SUMSQ（G4：G9）

H10 のセルに＝ SUMSQ（H4：H9）

SUM SQ
和 2乗

	A	B	C	D	E	F	G	H
1			α＝0.7	α＝0.8	α＝0.9	α＝0.7	α＝0.8	α＝0.9
2	時間	時系列データ	予測値	予測値	予測値	残差	残差	残差
3	1	11						
4	2	15	11	11	11	4	4	4
5	3	22	13.8	14.2	14.6	8.2	7.8	7.4
6	4	18	19.54	20.44	21.26	-1.54	-2.44	-3.26
7	5	25	18.462	18.488	18.326	6.538	6.512	6.674
8	6	32	23.0386	23.6976	24.3326	8.9614	8.3024	7.6674
9	7	24	29.31158	30.33952	31.23326	-5.31158	-6.33952	-7.23326
10	8		25.593474	25.267904	24.723326	236.87662	234.3191	237.03895
11								
12								
13								
14								

残差の 2 乗和が
最小になる
αの値は
どれですか？

手順 6 の $\alpha = 0.7$, $\alpha = 0.8$, $\alpha = 0.9$ の 3 つの残差を比較すると最小の残差の 2 乗和は 234.3191 です.

　したがって
　　　　"$\alpha = 0.8$ のときの予測値が最も当てはまりが良い"
ということになります.

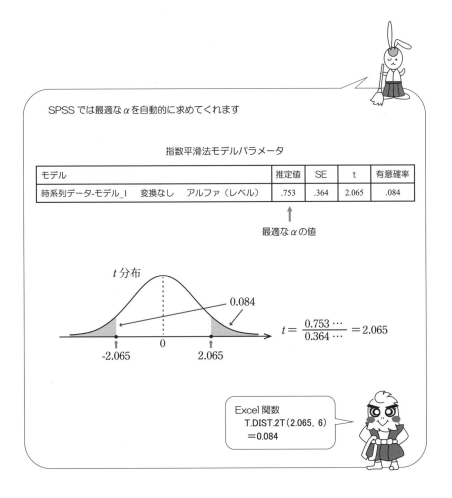

SPSS では最適な α を自動的に求めてくれます

指数平滑法モデルパラメータ

モデル			推定値	SE	t	有意確率
時系列データ-モデル_1	変換なし	アルファ（レベル）	.753	.364	2.065	.084

最適な α の値

t 分布

0.084

$$t = \frac{0.753 \cdots}{0.364 \cdots} = 2.065$$

-2.065　　　0　　　2.065

Excel 関数
T.DIST.2T (2.065, 6)
= 0.084

■ Excel による指数平滑化の手順——分析ツールを使う場合

Excel による指数平滑化は，**分析ツール**を使っても計算できます．

手順1 次のように入力しておきます．

	A	B	C	D	E	F
1	時間	時系列データ	指数平滑化			
2	1	11				
3	2	15				
4	3	22				
5	4	18				
6	5	25				
7	6	32				
8	7	24				
9	8					
10						
11						
12						
13						
14						

> データの範囲
> B2：B8

手順2 ［データ］⇒［データ分析］から，分析ツールを呼び出します．
［指数平滑］を選んだら，［OK］.

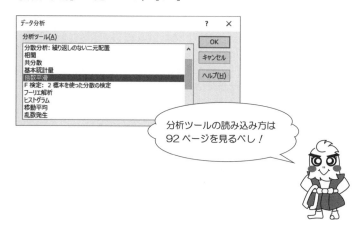

> 分析ツールの読み込み方は
> 92 ページを見るべし！

次のように指数平滑の画面になったら

データの範囲と**減衰率** $1 - \alpha$ を入力します.

出力先も入力したら,[OK].

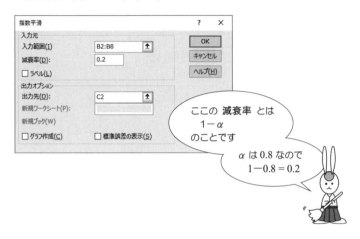

手順4 次のように指数平滑化がおこなわれます.

	A	B	C	D	E	F
1	時間	時系列データ	指数平滑化			
2	1	11	#N/A			
3	2	15	11			
4	3	22	14.2			
5	4	18	20.44			
6	5	25	18.488			
7	6	32	23.6976			
8	7	24	30.33952			
9	8					
10						
11						
12						
13						
14						

時間 8 の予測値
$\hat{x}(7,1)$
を求めるときは
C8 のセルをコピーして
C9 に貼り付けます

Section 9.1　自己相関係数

　対応のある 2 つの変数 x, y の関係を測る統計量として
相関係数があります.

表 9.1　2 変数データ

No.	変数 x	変数 y
1	x_1	y_1
2	x_2	y_2
3	x_3	y_3
⋮	⋮	⋮
$N-1$	x_{N-1}	y_{N-1}
N	x_N	y_N

自己相関係数とは
時系列データに語らせる
過去との関係です

相関係数の定義

x の平均を $\bar{x}$, y の平均を $\bar{y}$ としたとき

$$r = \frac{(x_1 - \bar{x}) \times (y_1 - \bar{y}) + \cdots + (x_N - \bar{x}) \times (y_N - \bar{y})}{\sqrt{(x_1 - \bar{x})^2 + \cdots + (x_N - \bar{x})^2} \times \sqrt{(y_1 - \bar{y})^2 + \cdots + (y_N - \bar{y})^2}}$$

を x と y の相関係数という.

Key Word　相関係数：correlation coefficient

時系列データも，次のように対応させると，相関係数を求めることができます．

時間	時系列データ		時間	時系列データ
1	$x(1)$	⟷	1	$x(1)$
2	$x(2)$	⟷	2	$x(2)$
3	$x(3)$		3	$x(3)$
⋮	⋮	⋮	⋮	⋮
$t-1$	$x(t-1)$		$t-1$	$x(t-1)$
t	$x(t)$	⟷	t	$x(t)$

対応

でも，この対応では相関係数はもちろん 1 になってしまいます！

時系列データで大切なポイントは

          "過去からの影響の大きさ"

を測ること．

そこで，時点 t をズラしてみましょう．

時点 t をずらすと
相関係数がどうなる
というのじゃ？

相関係数の公式

$$x \text{ と } y \text{ の相関係数 } r = \frac{\mathrm{Cov}(x, y)}{\sqrt{\mathrm{Var}(x)} \times \sqrt{\mathrm{Var}(y)}}$$

Cov は共分散
Var は分散

■ ラグ1のときの相関

"ラグ1のときの相関"

を調べてみましょう.

時間	時系列データ
1	$x(1)$
2	$x(2)$
3	$x(3)$
⋮	⋮
$t-1$	$x(t-1)$
t	$x(t)$

対応 ⟷

時間	時系列データ
1	$x(1)$
2	$x(2)$
3	$x(3)$
⋮	⋮
$t-1$	$x(t-1)$
t	$x(t)$

このように,1期ずらしてみると
相関係数のような値を求めることができます.

これが
ラグ1じゃな

この値を,1次の自己相関係数 ρ_1 といいます.

1次の自己相関係数の定義

時系列データ
$$\{\; x(1) \quad x(2) \quad x(3) \quad \cdots \quad x(t-2) \quad x(t-1) \quad x(t) \;\}$$
において

$$\rho_1 = \frac{(x(1)-\bar{x}) \times (x(2)-\bar{x}) + \cdots + (x(t-1)-\bar{x}) \times (x(t)-\bar{x})}{(x(1)-\bar{x})^2 + (x(2)-\bar{x})^2 + \cdots + (x(t)-\bar{x})^2}$$

を1次の自己相関係数という.

"標本自己相関係数"です

例 次の時系列データを使って，1次の自己相関係数 ρ_1 を
計算してみましょう．

表9.2

時間 t	$x(t)$	時系列データ
1	$x(1)$	158
2	$x(2)$	151
3	$x(3)$	141
4	$x(4)$	157
5	$x(5)$	146
6	$x(6)$	152
7	$x(7)$	144
8	$x(8)$	163
9	$x(9)$	135
10	$x(10)$	153

定常確率変数の列

$$\{ \quad \cdots \quad X(t-2) \quad X(t-1) \quad X(t) \quad X(t+1) \quad \cdots \quad \}$$

において

母自己相関係数 $\rho(1)$ は

$$\rho(1) = \frac{\mathrm{Cov}(X(t), X(t-1))}{\mathrm{Var}(X(t))}$$

となります．

● 分散 Var は時間 t によらず一定です．

● 共分散 Cov は時間差のみに関係します．

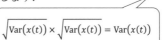

$$\sqrt{\mathrm{Var}(x(t))} \times \sqrt{\mathrm{Var}(x(t))} = \mathrm{Var}(x(t))$$

Step 1 ● はじめに，平均値 $\bar{x}$ を計算します．

$$\bar{x} = \frac{158 + 151 + 141 + \cdots + 135 + 153}{10}$$
$$= 150$$

Step 2 ● 次に，平均値との差 $\boxed{x(t) - \bar{x}}$ を計算します．

表9.3

時間 t	$x(t)$	時系列データ	$x(t) - \bar{x}$	差
1	$x(1)$	158	$158 - 150$	8
2	$x(2)$	151	$151 - 150$	1
3	$x(3)$	141	$141 - 150$	-9
4	$x(4)$	157	$157 - 150$	7
5	$x(5)$	146	$146 - 150$	-4
6	$x(6)$	152	$152 - 150$	2
7	$x(7)$	144	$144 - 150$	-6
8	$x(8)$	163	$163 - 150$	13
9	$x(9)$	135	$135 - 150$	-15
10	$x(10)$	153	$153 - 150$	3

分散や共分散で
大切なのは
平均値との差
でござるよ

Step 3 ●次に，1 次の自己相関係数 ρ_1 の分子の部分を計算します．

$$
\begin{aligned}
分子 &= (x(1) - \bar{x}) \times (x(2) - \bar{x}) + \cdots + (x(9) - \bar{x}) \times (x(10) - \bar{x}) \\
&= 8 \times 1 + 1 \times (-9) + (-9) \times 7 + \cdots + (-15) \times 3 \\
&= -430
\end{aligned}
$$

分子は
ベクトルの"内積"
のようなものです

Step 4 ●1 次の自己相関係数の分母の部分を計算します．

$$
\begin{aligned}
分母 &= (x(1) - \bar{x})^2 + (x(2) - \bar{x})^2 + \cdots + (x(10) - \bar{x})^2 \\
&= 8^2 + 1^2 + (-9)^2 + \cdots + (-15)^2 + 3^2 \\
&= 654
\end{aligned}
$$

分母は
ベクトルの"長さ"
のようなものです

Step 5 ●最後に，1 次の自己相関係数 ρ_1 を計算します．

$$
\begin{aligned}
\rho_1 &= \frac{(x(1) - \bar{x}) \times (x(2) - \bar{x}) + \cdots + (x(9) - \bar{x}) \times (x(10) - \bar{x})}{(x(1) - \bar{x})^2 + (x(2) - \bar{x})^2 + \cdots + (x(10) - \bar{x})^2} \\
&= \frac{-430}{654} \\
&= -0.6575
\end{aligned}
$$

自己相関係数 $\rho_1 = \dfrac{分子}{分母}$

■ ラグ2のときの相関

今度は，2期ずらしてみましょう．

時間	時系列データ
1	$x(1)$
2	$x(2)$
3	$x(3)$
⋮	⋮
$t-2$	$x(t-2)$
$t-1$	$x(t-1)$
t	$x(t)$

対応 ←→

時間	時系列データ
1	$x(1)$
2	$x(2)$
3	$x(3)$
⋮	⋮
$t-2$	$x(t-2)$
$t-1$	$x(t-1)$
t	$x(t)$

したがって，2次の自己相関係数 ρ_2 は次のようになります．

分子のかけ算は $t-2$ 個です

2次の自己相関係数の定義

時系列データ
$$\{ \ x(1) \quad x(2) \quad x(3) \quad \cdots \quad x(t-2) \quad x(t-1) \quad x(t) \ \}$$
において

$$\rho_2 = \frac{(x(1)-\bar{x}) \times (x(3)-\bar{x}) + \cdots + (x(t-2)-\bar{x}) \times (x(t)-\bar{x})}{(x(1)-\bar{x})^2 + (x(2)-\bar{x})^2 + \cdots + (x(t)-\bar{x})^2}$$

を2次の自己相関係数という．

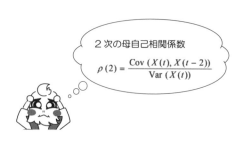

2次の母自己相関係数
$$\rho(2) = \frac{\mathrm{Cov}\,(X(t), X(t-2))}{\mathrm{Var}\,(X(t))}$$

■ ラグ k のときの相関

さらに, k 期ずらすと……

時間	時系列データ
1	$x(1)$
2	$x(2)$
3	$x(3)$
⋮	⋮
$k+1$	$x(k+1)$
⋮	⋮
$t-k$	$x(t-k)$
$t-k+1$	$x(t-k+1)$
⋮	⋮
t	$x(t)$

対応 ◄──►

時間	時系列データ
1	$x(1)$
2	$x(2)$
3	$x(3)$
⋮	⋮
$t-k$	$x(t-k)$
$t-k+1$	$x(t-k+1)$
⋮	⋮
t	$x(t)$

したがって, k 次の自己相関係数の定義 ρ_k は次のようになります.

> 分子のかけ算は $t-k$ 個です

k 次の自己相関係数の定義

時系列データ
$$\{ \ x(1) \quad x(2) \quad x(3) \quad \cdots \quad x(t-k) \quad \cdots \quad x(t-1) \quad x(t) \ \}$$
において

$$\rho_k = \frac{(x(1)-\bar{x}) \times (x(k+1)-\bar{x}) + \cdots + (x(t-k)-\bar{x}) \times (x(t)-\bar{x})}{(x(1)-\bar{x})^2 + (x(2)-\bar{x})^2 + \cdots + (x(t)-\bar{x})^2}$$

を k 次の自己相関係数という.

■ Excel による自己相関係数の求め方

手順1 次のように入力しておきます.

	A	B	C	D	E	F	G
1	時間	時系列データ	差				
2	1	158			平均値		
3	2	151					
4	3	141			分子		
5	4	157					
6	5	146			分母		
7	6	152					
8	7	144			自己相関係数		
9	8	163					
10	9	135					
11	10	153					
12							
13							
14							

手順2 F2 のセルに

$$= \text{AVERAGE} \ (\text{B2} : \text{B11})$$

と入力します.

F2		× ✓ f_x	=AVERAGE(B2:B11)				
	A	B	C	D	E	F	G
1	時間	時系列データ	差				
2	1	158			平均値	150	
3	2	151					
4	3	141			分子		
5	4	157					
6	5	146			分母		
7	6	152					
8	7	144			自己相関係数		
9	8	163					
10	9	135					
11	10						
12			116 ページの			AVERAGE	
13			Step 1 の計算じゃな			…… 平均	

手順3 C2 のセルに，$= B2 - 150$ と入力します．

C2 をコピーして，C3 から C11 まで貼り付けます．

	A	B	C	D	E	F	G
1	時間	時系列データ	差				
2	1	158	8		平均値	150	
3	2	151	1				
4	3	141	−9		分子		
5	4	157	7				
6	5	146	−4		分母		
7	6	152	2				
8	7	144	−6		自己相関係数		
9	8	163	13				
10	9	135	−15				
11	10	153	3				
12							
13							
14							

Step 2の計算を
しています

平均値との差
$x(t) -$平均値

手順4 F4 のセルに

$$= \text{SUMPRODUCT} (C2 : C10, \ C3 : C11)$$

と入力します．

F4 | × ✓ fx | =SUMPRODUCT(C2:C10,C3:C11)

	A	B	C	D	E	F	G
1	時間	時系列データ	差				
2	1	158	8		平均値	150	
3	2	151	1				
4	3	141	−9		分子	−430	
5	4	157	7				
6	5	146	−4		分母		
7	6	152	2				
8	7	144	−6		自己相関係数		
9	8	163	13				
10	9	135	−15				
11	10	153	3				
12							
13							

Step 3の
分子の計算じゃな

手順5 F6 のセルに

$$= \text{SUMSQ (C2：C11)}$$

と入力します.

	A	B	C	D	E	F	G
	F6		× ✓ fx	=SUMSQ(C2:C11)			
1	時間	時系列データ	差				
2	1	158	8		平均値	150	
3	2	151	1				
4	3	141	-9		分子	-430	
5	4	157	7				
6	5	146	-4		分母	654	
7	6	152	2				
8	7	144	-6		自己相関係数		
9	8	163	13				
10	9	135	-1				
11	10	153					
12							
13							

それから Step 4 の
分母を計算して……

手順6 最後に, F8 のセルに

$$= \text{F4/F6}$$

と入力して, 1 次の自己相関係数を計算します.

	A	B	C	D	E	F	G
	F8		× ✓ fx	=F4/F6			
1	時間	時系列データ	差				
2	1	158	8		平均値	150	
3	2	151	1				
4	3	141	-9		分子	-430	
5	4	157	7				
6	5	146	-4		分母	654	
7	6	152	2				
8	7	144	-6		自己相関係数	-0.657492	
9	8	163	13				
10	9	135	-15				
11	10	153	3				
12							
13							

つまり
Step 5 の $\dfrac{分子}{分母}$ の計算じゃな

SPSS を使うと，カンタンに自己相関係数を求めることが
できます.

自己相関

時系列：時系列データ

ラグ	自己相関	標準誤差 [a]	Box-Ljung 統計量		
			値	自由度	有意確率 [b]
1	−.657	.274	5.764	1	.016
2	.251	.258	6.707	2	.035
3	−.165	.242	7.175	3	.067
4	277	.224	8.707	4	.069
5	−.343	.204	11.522	5	.042
6	185	.183	12.549	6	.051
7	095	.158	12.908	7	.074
8	−.179	.129	14.829	8	.063

a. 仮定された基礎となるプロセスは，独立（ホワイトノイズ）です.
b. 漸近カイ 2 乗近似値に基づいています.

定常確率変数の列
$$\{ \ \cdots \ \ X(t-k) \ \cdots \ \ X(t-2) \ \ X(t-1) \ \ X(t) \ \ X(t+1) \ \cdots \ \}$$
において

k 次の母自己相関係数 $\rho(k)$ は

$$\rho(k) = \frac{\mathrm{Cov}(X(t), X(t-k))}{\mathrm{Var}(X(t))}$$

となります.

$$\rho(k) = \rho(-k)$$

● $\mathrm{Var}(X(t))$ は時間 t によらず一定です.

● $\mathrm{Cov}(X(t), X(t-k))$ は時間差 k にのみ依存します.

　　自己相関係数とコレログラム

自己相関係数をグラフで表現してみましょう.

前ページで計算した自己相関係数は

　　　　ラグ 1 のとき自己相関係数 = − 0.657
　　　　ラグ 2 のとき自己相関係数 = 　0.251
　　　　ラグ 3 のとき自己相関係数 = − 0.165
　　　　　　⋮

なので，次のような図になります.
　　この図を**コレログラム**といいます.

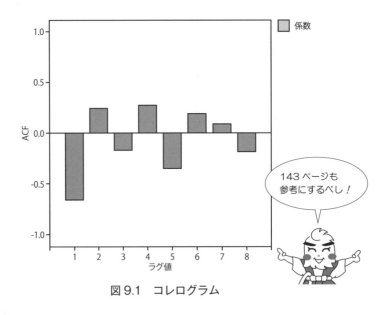

143 ページも
参考にするべし！

図 9.1　コレログラム

Key Word　コレログラム：correlogram

コレログラムには，次のようないくつかの パターン があります．

● 自己回帰 AR (p) モデル
のとき，コレログラムは
右のような図になります．

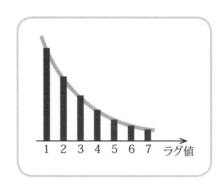

● 非定常時系列モデル
のとき，コレログラムは
右のような図になります．

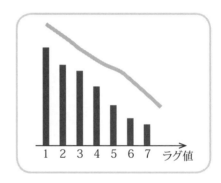

● 移動平均 MA (q) モデル
のとき，コレログラムは
右のような図になります．

コレログラムを見れば
時系列モデルを
同定できそうです

157 ページも
参考に！

Section 10.1　2 変数の時系列データ

　次のデータは，2 つの時系列データ $\{x(t)\}$ と $\{y(t)\}$ について，調査した結果です．

表 10.1　2 変数の時系列データ

時間 t	時系列データ $x(t)$	時系列データ $y(t)$
1	9	20
2	-32	11
3	12	5
4	28	-7
5	-5	-43
6	-23	-6
7	44	-11
8	38	7
9	10	-33
10	22	-5

　この 2 つの時系列データ $\{x(t)\}$ と $\{y(t)\}$ との間には どのような関係があるのでしょうか.

2つの時系列とは
NY ダウ平均と日経平均
のような……

とりあえず，2つの時系列データのグラフを描いてみましょう.

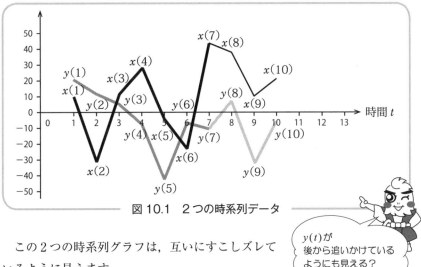

図 10.1　2つの時系列データ

この2つの時系列グラフは，互いにすこしズレているように見えます.

そこで……

時系列データ $\{y(t)\}$ はそのままにして
時系列データ $\{x(t)\}$ を右へズラしてみましょう.

$y(t)$が
後から追いかけている
ようにも見える？

Step 1 ●時系列データ $\{x(t)\}$ を右へ1期ずらしてみると……

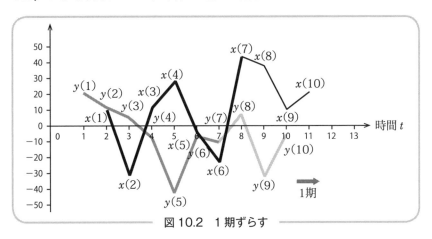

図 10.2　1期ずらす

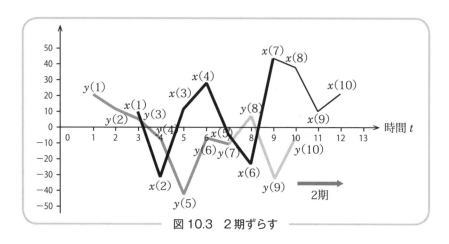

図 10.3　2 期ずらす

Step 3 ●時系列データ $\{x(t)\}$ を右へ 3 期ずらしてみると……

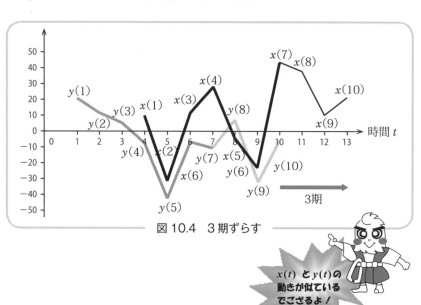

図 10.4　3 期ずらす

$x(t)$ と $y(t)$ の
動きが似ている
でござるよ！

時系列データ $\{x(t)\}$ を右へ 3 期ずらしてみると，
2 つの時系列データ $\{x(t)\}$ と $\{y(t)\}$ は，同時に変動しているように
見えます．

　ということは

　　　　"時系列データ $\{x(t)\}$ は
　　　　　時系列データ $\{y(t)\}$ より 3 期先行している"

と考えられそうですね．

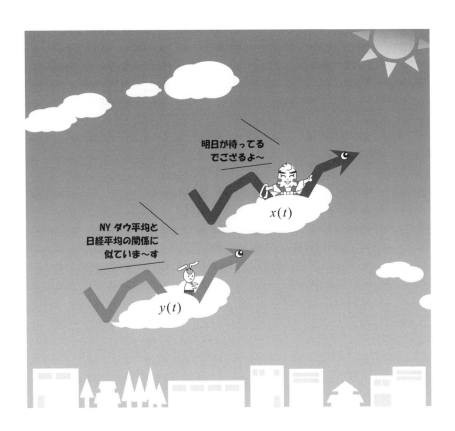

Section 10.2　交差相関係数

2つの時系列データ

表 10.2　2 変数の時系列データ

時間	1	2	3	⋯	$t-2$	$t-1$	t
時系列データ	$x(1)$	$x(2)$	$x(3)$	⋯	$x(t-2)$	$x(t-1)$	$x(t)$
時系列データ	$y(1)$	$y(2)$	$y(3)$	⋯	$y(t-2)$	$y(t-1)$	$y(t)$

の関係を数値で表現してみましょう．

このとき，すぐに思いつくのが相関係数です．

$$\frac{(x(1)-\bar{x})\times(y(1)-\bar{y})+\cdots+(x(t)-\bar{x})\times(y(t)-\bar{y})}{\sqrt{(x(1)-\bar{x})^2+\cdots+(x(t)-\bar{x})^2}\times\sqrt{(y(1)-\bar{y})^2+\cdots+(y(t)-\bar{y})^2}}$$

この相関係数を
"0 次の交差相関係数"
といいます

でも，時系列データの場合

"タイムラグ"

があるかもしれません．

そこで

"1 期ずらす"

ことを考えてみましょう．

この考え方は，1 次の自己相関係数と同じです．

ところで，"1期ずらす" といったとき，次の2通りがあります．

その1　　$\{x(t)\}$ を右に1つずらす．

または

$\{y(t)\}$ を左に1つずらす．

	$x(1)$	$x(2)$	……	$x(t-2)$	$x(t-1)$	$x(t)$
$y(1)$	$y(2)$	$y(3)$	……	$y(t-1)$	$y(t)$	

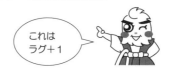

これは
ラグ＋1

このときの1次の交差相関係数は，p.132 のようになります．

その2　　$\{x(t)\}$ を左に1つずらす

または

$\{y(t)\}$ を右に1つずらす．

$x(1)$	$x(2)$	$x(3)$	……	$x(t-1)$	$x(t)$	
	$y(1)$	$y(2)$	……	$y(t-2)$	$y(t-1)$	$y(t)$

これは
ラグ－1

このときの1次の交差相関係数は，p.133 のようになります．

時系列データを，次のように 1 期ずらしてみると……

時間	時系列データ
1	$x(1)$
2	$x(2)$
3	$x(3)$
⋮	⋮
$t-1$	$x(t-1)$
t	$x(t)$

時間	時系列データ
1	$y(1)$
2	$y(2)$
3	$y(3)$
⋮	⋮
$t-1$	$y(t-1)$
t	$y(t)$

これは
ラグ＋1

このとき，1 次の交差相関係数は

$$\frac{(x(1)-\bar{x})\times(y(2)-\bar{y})+\cdots+(x(t-1)-\bar{x})\times(y(t)-\bar{y})}{\sqrt{(x(1)-\bar{x})^2+\cdots+(x(t)-\bar{x})^2}\times\sqrt{(y(1)-\bar{y})^2+\cdots+(y(t)-\bar{y})^2}}$$

となります．

$k>0$ のとき，k 次の交差相関係数は

$$\frac{(x(1)-\bar{x})\times(y(k+1)-\bar{y})+\cdots+(x(t-k)-\bar{x})\times(y(t)-\bar{y})}{\sqrt{(x(1)-\bar{x})^2+\cdots+(x(t)-\bar{x})^2}\times\sqrt{(y(1)-\bar{y})^2+\cdots+(y(t)-\bar{y})^2}}$$

となります．ラグはプラスです．

また，逆の方向に1期ずらすことも考えられますね.

時間	時系列データ
1	$x(1)$
2	$x(2)$
3	$x(3)$
$\vdots$	$\vdots$
$t-1$	$x(t-1)$
t	$x(t)$

時間	時系列データ
1	$y(1)$
2	$y(2)$
3	$y(3)$
$\vdots$	$\vdots$
$t-1$	$y(t-1)$
t	$y(t)$

これは
ラグ−1

このとき，1次の交差相関係数は

$$\frac{(y(1)-\bar{y})\times(x(2)-\bar{x})+\cdots+(y(t-1)-\bar{y})\times(x(t)-\bar{x})}{\sqrt{(x(1)-\bar{x})^2+\cdots+(x(t)-\bar{x})^2}\times\sqrt{(y(1)-\bar{y})^2+\cdots+(y(t)-\bar{y})^2}}$$

となります.

$k<0$ のとき，k 次の交差相関係数は

$$\frac{(y(1)-\bar{y})\times(x(1-k)-\bar{x})+\cdots+(y(t+k)-\bar{y})\times(x(t)-\bar{x})}{\sqrt{(x(1)-\bar{x})^2+\cdots+(x(t)-\bar{x})^2}\times\sqrt{(y(1)-\bar{y})^2+\cdots+(y(t)-\bar{y})^2}}$$

となります．ラグはマイナスです．

■ Excel による交差相関係数の求め方──ラグ3の場合

手順1 次のように入力しておきます.

	A	B	C	D	E	F	G
1	時間	時系列 x(t)	時系列 y(t)	x(t)の差	y(t)の差	x(t)の平均値	
2	1	9	20				
3	2	-32	11			y(t)の平均値	
4	3	12	5				
5	4	28	-7			分子	
6	5	-5	-43				
7	6	-23	-6			分母のx(t)	
8	7	44	-11				
9	8	38	7			分母のy(t)	
10	9	10	-33				
11	10	22	-5			交差相関係数	
12							
13							
14							

> 表 10.1 の
> データです

手順2 $x(t)$ と $y(t)$ の平均値を求めます.

G1 のセルに＝ AVERAGE（B2：B11）

G3 のセルに＝ AVERAGE（C2：C11）

	A	B	C	D	E	F	G
1	時間	時系列 x(t)	時系列 y(t)	x(t)の差	y(t)の差	x(t)の平均値	10.3
2	1	9	20				
3	2	-32	11			y(t)の平均値	-6.2
4	3	12	5				
5	4	28	-7			分子	
6	5	-5	-43				
7	6	-23	-6			分母のx(t)	
8	7	44	-11				
9	8	38	7			分母のy(t)	
10	9	10	-33				
11	10	22	-5			交差相関係数	
12							
13							
14							
15							

> まず平均値を
> 計算して……

手順3 $x(t)$ の差を求めます.

D2 のセルに＝ B2−10.3

続いて，D2 をコピーして，D3 から D11 まで貼り付けます．

	A	B	C	D	E	F	G
1	時間	時系列 x(t)	時系列 y(t)	x(t)の差	y(t)の差	x(t)の平均値	10.3
2	1	9	20	-1.3			
3	2	-32	11	-42.3		y(t)の平均値	-6.2
4	3	12	5	1.7			
5	4	28	-7	17.7		分子	
6	5	-5	-43	-15.3			
7	6	-23	-6	-33.3		分母のx(t)	
8	7	44	-11	33.7			
9	8	38	7	27.7		分母のy(t)	
10	9	10	-33	-0.3			
11	10	22	-5	11.7		交差相関係数	
12							
13							
14							
15							

平均値 $\bar{x}$ との差を計算します

手順4 $y(t)$ の差を求めます.

E2 のセルに＝ C2−（−6.2）

続いて，E2 をコピーして，E3 から E11 まで貼り付けます．

	A	B	C	D	E	F	G
1	時間	時系列 x(t)	時系列 y(t)	x(t)の差	y(t)の差	x(t)の平均値	10.3
2	1	9	20	-1.3	26.2		
3	2	-32	11	-42.3	17.2	y(t)の平均値	-6.2
4	3	12	5	1.7	11.2		
5	4	28	-7	17.7	-0.8	分子	
6	5	-5	-43	-15.3	-36.8		
7	6	-23	-6	-33.3	0.2	分母のx(t)	
8	7	44	-11	33.7	-4.8		
9	8	38	7	27.7	13.2	分母のy(t)	
10	9	10	-33	-0.3	-26.8		
11	10	22	-5	11.7	1.2	交差相関係数	
12							
13							
14							
15							

平均値 $\bar{y}$ との差を計算しました

G5 のセルをクリックして

$$= \text{SUMPRODUCT}\ (\text{D2}:\text{D8},\ \text{E5}:\text{E11})$$

と入力し，分子を求めます．

	A	B	C	D	E	F	G
1	時間	時系列 x(t)	時系列 y(t)	x(t)の差	y(t)の差	x(t)の平均値	10.3
2	1	9	20	-1.3	26.2		
3	2	-32	11	-42.3	17.2	y(t)の平均値	-6.2
4	3	12	5	1.7	11.2		
5	4	28	-7	17.7	-0.8	分子	2203.98
6	5	-5	-43	-15.3	-36.8		
7	6	-23	-6	-33.3	0.2	分母のx(t)	
8	7	44	-11	33.7	-4.8		
9	8	38	7	27.7	13.2	分母のy(t)	
10	9	10	-33	-0.3	-26.8		
11	10	22	-5	11.7			
12							
13							
14							
15							

分子の計算を
しています

手順6 G7 のセルをクリックして

$$= \text{SUMSQ}\ (\text{D2}:\text{D11})$$

と入力し，$x(t)$ の分母を求めます．

G7　　｜　✕ ✓ fx ｜ =SUMSQ(D2:D11)

	A	B	C	D	E	F	G
1	時間	時系列 x(t)	時系列 y(t)	x(t)の差	y(t)の差	x(t)の平均値	10.3
2	1	9	20	-1.3	26.2		
3	2	-32	11	-42.3	17.2	y(t)の平均値	-6.2
4	3	12	5	1.7	11.2		
5	4	28	-7	17.7	-0.8	分子	2203.98
6	5	-5	-43	-15.3	-36.8		
7	6	-23	-6	-33.3	0.2	分母のx(t)	5490.1
8	7	44	-11	33.7	-4.8		
9	8	38	7	27.7			
10	9	10	-33	-0.3			
11	10	22	-5	11.7			
12							
13							
14							
15							

分母の $x(t)$ の
計算です

手順7 G9 のセルをクリックして

$$= \text{SUMSQ} \ (\text{E2} : \text{E11})$$

と入力し，$y(t)$ の分母を求めます．

G9		× ✓ *fx*	=SUMSQ(E2:E11)				
	A	B	C	D	E	F	G
1	時間	時系列 x(t)	時系列 y(t)	x(t)の差	y(t)の差	x(t)の平均値	10.3
2	1	9	20	−1.3	26.2		
3	2	−32	11	−42.3	17.2	y(t)の平均値	−6.2
4	3	12	5	1.7	11.2		
5	4	28	−7	17.7	−0.8	分子	2203.98
6	5	−5	−43	−15.3	−36.8		
7	6	−23	−6	−33.3	0.2	分母のx(t)	5490.1
8	7	44	−11		−4.8		
9	8	38				分母のy(t)	3379.6
10	9	10					
11	10	22				交差相関係数	
12							
13							
14							

分母の $y(t)$ の計算です

手順8 G11 のセルをクリックして

$$= \text{G5}/(\text{G7}\verb|^|0.5 \ * \ \text{G9}\verb|^|0.5)$$

と入力し，3次の交差相関係数を計算します．

G11		× ✓ *fx*	=G5/(G7^0.5*G9^0.5)				
	A	B	C	D	E	F	G
1	時間	時系列 x(t)	時系列 y(t)	x(t)の差	y(t)の差	x(t)の平均値	10.3
2	1	9	20	−1.3	26.2		
3	2	−32	11	−42.3	17.2	y(t)の平均値	−6.2
4	3	12	5	1.7	11.2		
5	4	28	−7	17.7	−0.8	分子	2203.98
6	5	−5	−43	−15.3	−36.8		
7	6	−23	−6	−33.3	0.2	分母のx(t)	5490.1
8	7	44	−11	33.7	−4.8		
9	8	38			13.2	分母のy(t)	3379.6
10	9	10					
11	10	22				交差相関係数	0.5117
12							
13							
14							

$\dfrac{分子}{分母}$ の計算をしました

これがラグ3の
交差相関係数です

　ところで，この交差相関係数には，どのような利用方法が
あるのでしょうか？

　SPSS を使って，表 10.1 の交差相関係数を計算してみると
次のような結果になります．

交差相関

ラグ	交差相関	標準誤差
−7	.198	.577
−6	.313	.500
−5	−.096	.447
−4	−.140	.408
−3	−.296	.378
−2	−.203	.354
−1	−.020	.333
0	.006	.316
1	−.299	.333
2	−.296	.354
3	.512	.378
4	.147	.408
5	−.062	.447
6	−.134	.500
7	.260	.577

交差相関係数を
計算してみると
先行指数を
見つけられるかも
しれません

　この交差相関係数のグラフ表現をしてみましょう．

Key Word　先行指数：leading indicator

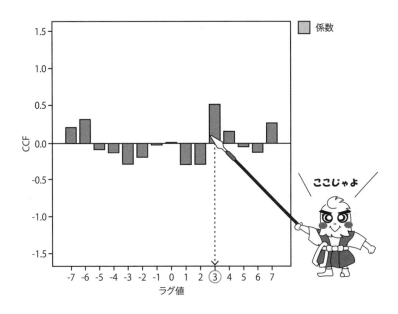

この図を見ると

"ラグ3"

のところの交差相関係数がいちばん大きくなっていますね.

ということは

"時系列 $\{x(t)\}$ は,時系列 $\{y(t)\}$ から3期先行している"

ということです.

このようなとき

"時系列 $\{x(t)\}$ は,時系列 $\{y(t)\}$ の先行指標である"

といいます.

先行指標となる時系列データの値を**先行指数**といいます.

経済時系列では,先行指標がみつかるかどうかは大問題*!!*.

11章 はじめての 自己回帰 AR (p) モデル

Section 11.1　自己回帰 AR (p) モデル

次のコレログラムを見てみましょう.

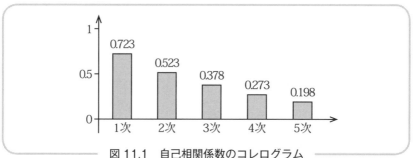

図 11.1　自己相関係数のコレログラム

1次の自己相関係数は……

$$1 \text{ 次の自己相関係数} = 0.723$$

次に, 2次の自己相関係数は?

$$2 \text{ 次の自己相関係数} = 0.523$$
$$= 0.723 \times 0.723$$
$$= 1 \text{ 次の自己相関係数} \times \boxed{0.723}$$

いつでも
0.723 倍じゃな

さらに, 3次の自己相関係数は?

$$3 \text{ 次の自己相関係数} = 0.378$$
$$= 0.523 \times 0.723$$
$$= 2 \text{ 次の自己相関係数} \times \boxed{0.723}$$

きっと, 4次の自己相関係数も……

$$4 \text{ 次の自己相関係数} = 0.273$$
$$= 0.378 \times 0.723$$
$$= 3 \text{ 次の自己相関係数} \times \boxed{0.723}$$

140

ということは

"時点 t の値 $x(t)$ は，時点 $t-1$ の値 $x(t-1)$ から

大きさ 0.723 の影響を受けている"

と考えることができます．

このことを式で表現すれば

$$x(t) = 0.723 \times x(t-1) + \boxed{}$$

となります．

でも ▊▊ は？？

実は，▊▊ の部分は "よくわからない部分" なのです．

そこで，ここには

ホワイトノイズ $u(t)$

を入れておきましょう．

したがって

$$x(t) = 0.723 \times x(t-1) + u(t)$$

となりました．

このような式を

自己回帰 AR (1) モデル

といいます．

単回帰モデルの式は
$y = a + bx + \varepsilon$
です

Key Word 自己回帰モデル：autoregressive model

■ 自己回帰 AR（1）モデルの性質──定常時系列

自己回帰 AR（1）モデルの式

$$X(t) = a(1) \times X(t-1) + U(t)$$
$$x(t) = a_1 \times x(t-1) + u(t)$$

← $X(t)$ は確率変数

において……

性質 1. 1期先の予測値 $\hat{x}(t, 1)$

$$\hat{x}(t, 1) = a_1 \times x(t)$$

性質 2. 1次の自己相関係数 $\rho(1)$

$$\rho(1) = a(1)$$

定数項 b を考慮すれば
$x(t) - b$
$= a_1 \times \{x(t-1) - b\} + u(t)$
となります

a_1, ρ_1 は
$a(1), \rho(1)$ の
推定値です

自己回帰 AR（p）モデルの式は

$$x(t) = a_1 \times x(t-1) + a_2 \times x(t-2) + \cdots + a_p \times x(t-p) + u(t)$$

となります.

確率変数の列 $\{X(t)\}$ の場合は

$$X(t) = a(1) \times X(t-1) + a(2) \times X(t-2) + \cdots + a(p) \times X(t-p) + U(t)$$

のように表現します.

つまり
確率過程じゃな

性質3　自己相関と偏自己相関のプロット

● $a_1 > 0$ の場合

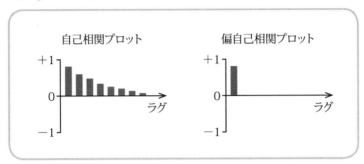

● $a_1 < 0$ の場合

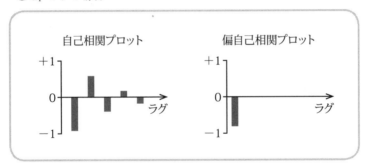

この自己相関プロットの図は
AR（1）モデルを特徴づけるもので
ござる

大切です

■ 自己回帰 AR (1) モデルの共分散

自己回帰 AR (1) モデルの $U(t)$ は，次の条件を満たしています．

条件 1．$E(U(t)) = 0$

条件 2．$\mathrm{Var}(U(t)) = \sigma^2$

条件 3．$\mathrm{Cov}(U(t),\ U(s)) = \begin{cases} \sigma^2 \cdots\cdots t = s \\ 0 \cdots\cdots t \neq s \end{cases}$

条件 4．$\mathrm{Cov}(U(t),\ X(t-1)) = 0$

$U(t)$ は
ホワイトノイズ

そこで……

自己回帰 AR (1) モデルの共分散を計算してみると

$$\mathrm{Cov}(X(t),\ X(t-1)) = \mathrm{Cov}\{a(1) \times X(t-1) + U(t),\ X(t-1)\}$$

$$= \mathrm{Cov}(a(1) \times X(t-1),\ X(t-1))$$

$$+ \mathrm{Cov}(U(t),\ X(t-1))$$

$$= a(1) \times \mathrm{Cov}(X(t-1),\ X(t-1)) + \boxed{0}$$

$$= a(1) \times \mathrm{Var}(X(t-1))$$

よって

$$\frac{\mathrm{Cov}(X(t),\ X(t-1))}{\mathrm{Var}(X(t))} = a(1)$$

となります．

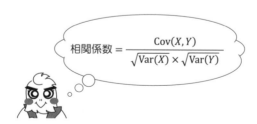

$$相関係数 = \frac{\mathrm{Cov}(X,Y)}{\sqrt{\mathrm{Var}(X)} \times \sqrt{\mathrm{Var}(Y)}}$$

ところで……

　偏自己相関係数は，残りの時点の影響を取り除いたあとでの
相関係数のようなもので，次のように定義されています.

$$\phi_{kk} = \frac{\begin{vmatrix} 1 & \rho_1 & \rho_2 & \cdots & \rho_{k-2} & \rho_1 \\ \rho_1 & 1 & \rho_1 & \cdots & \rho_{k-3} & \rho_2 \\ \rho_2 & \rho_1 & 1 & \cdots & \rho_{k-4} & \rho_3 \\ \vdots & \vdots & \vdots & \ddots & \vdots & \vdots \\ \rho_{k-1} & \rho_{k-2} & \rho_{k-3} & \cdots & \rho_1 & \rho_k \end{vmatrix}}{\begin{vmatrix} 1 & \rho_1 & \rho_2 & \cdots & \rho_{k-2} & \rho_{k-1} \\ \rho_1 & 1 & \rho_1 & \cdots & \rho_{k-3} & \rho_{k-2} \\ \rho_2 & \rho_1 & 1 & \cdots & \rho_{k-4} & \rho_{k-3} \\ \vdots & \vdots & \vdots & \ddots & \vdots & \vdots \\ \rho_{k-1} & \rho_{k-2} & \rho_{k-3} & \cdots & \rho_1 & 1 \end{vmatrix}}$$

気にせず
先に進むのじゃ

ギョギョッ

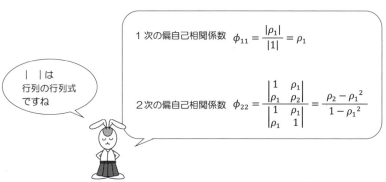

1 次の偏自己相関係数　$\phi_{11} = \dfrac{|\rho_1|}{|1|} = \rho_1$

2 次の偏自己相関係数　$\phi_{22} = \dfrac{\begin{vmatrix} 1 & \rho_1 \\ \rho_1 & \rho_2 \end{vmatrix}}{\begin{vmatrix} 1 & \rho_1 \\ \rho_1 & 1 \end{vmatrix}} = \dfrac{\rho_2 - \rho_1{}^2}{1 - \rho_1{}^2}$

｜　｜は
行列の行列式
ですね

■ 自己回帰 AR (2) モデルの性質──定常時系列

自己回帰 AR (2) モデルの式

$$X(t) = a(1) \times X(t-1) + a(2) \times X(t-2) + U(t)$$
$$x(t) = a_1 \times x(t-1) + a_2 \times x(t-2) + u(t)$$

← $X(t)$ は確率変数

において……

性質 1. 1 期先の予測値 $\hat{x}(t, 1)$

$$\hat{x}(t, 1) = a_1 \times x(t) + a_2 \times x(t-1)$$

性質 2. 2 期先の予測値 $\hat{x}(t, 2)$

$$\hat{x}(t, 2) = a_1 \times \hat{x}(t, 1) + a_2 \times x(t)$$

性質 3. 1 次の自己相関係数 $\rho(1)$

$$\rho(1) = \frac{a(1)}{1 - a(2)}$$

ρ_1, ρ_2 は
$\rho(1)$, $\rho(2)$ の
推定値です

a_1, a_2 は
$a(1)$, $a(2)$ の
推定値です

性質 4. 2 次の自己相関係数 $\rho(2)$

$$\rho(2) = \frac{a(1)^2}{1 - a(2)} + a(2)$$

● 定数項 b を考慮すれば

$x(t) - b$
$= a_1 \times \{x(t-1) - b\} + a_2 \times \{x(t-2) - b\} + u(t)$

性質 5. 自己相関と偏自己相関のプロット

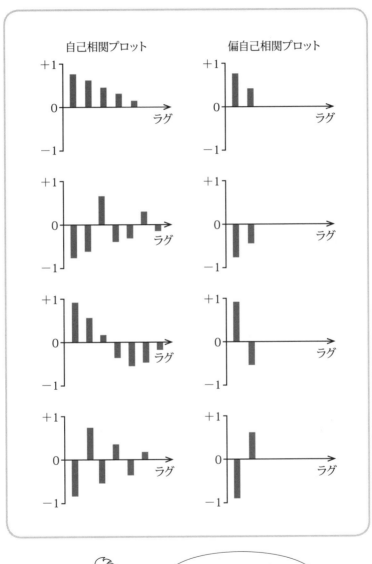

この図は AR(2) モデルを
特徴づけるものでござるよ

■ 自己回帰 AR（2）モデルの共分散

自己回帰 AR（2）モデルの共分散を計算してみると
次のようになります.

$$\text{Cov}\,(X(t),\ X(t-1))$$

$$= \text{Cov}\,\{a\,(1) \times X(t-1) + a\,(2) \times X(t-2) + U(t), X(t-1)\}$$

$$= \text{Cov}\,(a\,(1) \times X(t-1), X(t-1)) + \text{Cov}\,(a\,(2) \times X(t-2), X(t-1))$$

$$\quad + \text{Cov}\,(U(t), X(t-1))$$

$$= a\,(1) \times \text{Cov}\,(X(t-1), X(t-1)) + a\,(2) \times \text{Cov}\,(X(t-2), X(t-1)) + \boxed{0}$$

$$= a\,(1) \times \text{Var}\,(X(t-1)) + a\,(2) \times \text{Cov}\,(X(t-2), X(t-1))$$

$$\text{Cov}\,(X(t), X(t-2))$$

$$= \text{Cov}\,\{a\,(1) \times X(t-1) + a\,(2) \times X(t-2) + U(t), X(t-2)\}$$

$$= \text{Cov}\,(a\,(1) \times X(t-1), X(t-2)) + \text{Cov}\,(a\,(2) \times X(t-2), X(t-2))$$

$$\quad + \text{Cov}\,(U(t), X(t-2))$$

$$= a\,(1) \times \text{Cov}\,(X(t-1), X(t-2)) + a\,(2) \times \text{Cov}\,(X(t-2), X(t-2)) + \boxed{0}$$

$$= a\,(1) \times \text{Cov}\,(X(t-1), X(t-2)) + a\,(2) \times \text{Var}\,(X(t-2))$$

共分散を使うと
自己相関係数はどうなるでしょう？

$$\rho(1) = \frac{\text{Cov}(X(t),\,X(t-1))}{\text{Var}\,(X(t))} = \,?$$

$$\rho(2) = \frac{\text{Cov}(X(t),\,X(t-2))}{\text{Var}\,(X(t))} = \,?$$

■ ユール・ウォーカーの方程式

自己回帰 AR(p) モデル

$$X(t) = a(1) \times X(t-1) + a(2) \times X(t-2) + \cdots + a(p) \times X(t-p) + U(t)$$

の係数 $a(1)$, $a(2)$, $\cdots$, $a(p)$ と自己相関係数 $\rho(1)$, $\rho(2)$, $\cdots$, $\rho(p)$ の間には，次のような関係があります.

$$
\begin{aligned}
\rho(1) &= a(1) \times 1 &&+ a(2) \times \rho(1) &&+ a(3) \times \rho(2) &&+ \cdots + a(p) \times \rho(p-1) \\
\rho(2) &= a(1) \times \rho(1) &&+ a(2) \times 1 &&+ a(3) \times \rho(1) &&+ \cdots + a(p) \times \rho(p-2) \\
\rho(3) &= a(1) \times \rho(2) &&+ a(2) \times \rho(1) &&+ a(3) \times 1 &&+ \cdots + a(p) \times \rho(p-3) \\
&\ \ \vdots &&\ \ \vdots &&\ \ \vdots &&\ \ \ddots \quad \cdots \\
\rho(p) &= a(1) \times \rho(p-1) &&+ a(2) \times \rho(p-2) &&+ a(3) \times \rho(p-3) &&+ \cdots + a(p) \times 1
\end{aligned}
$$

この関係式を，**ユール・ウォーカーの方程式**といいます.

したがって，自己回帰 AR(p) モデルの係数 $a(1)$, $a(2)$, $\cdots$, $a(p)$ は自己相関係数 $\rho(1)$, $\rho(2)$, $\cdots$, $\rho(p)$ から求めることができます.

この連立方程式の行列表現は，次のようになります.

$$
\begin{bmatrix}
1 & \rho(1) & \rho(2) & \cdots & \rho(p-1) \\
\rho(1) & 1 & \rho(1) & \cdots & \rho(p-2) \\
\rho(2) & \rho(1) & 1 & \cdots & \rho(p-3) \\
\vdots & \vdots & \vdots & \ddots & \vdots \\
\rho(p-1) & \rho(p-2) & \rho(p-3) & \cdots & 1
\end{bmatrix}
\cdot
\begin{bmatrix}
a(1) \\
a(2) \\
a(3) \\
\vdots \\
a(p)
\end{bmatrix}
=
\begin{bmatrix}
\rho(1) \\
\rho(2) \\
\rho(3) \\
\vdots \\
\rho(p)
\end{bmatrix}
$$

・は行列の
かけ算です

[ ] は行列

Key Word ユール・ウォーカーの方程式：Yule-Walker equation

▶ $p = 1$ の場合

ユール・ウォーカーの方程式は

$$[1] \cdot [a(1)] = [\rho(1)]$$

となります.

したがって，自己回帰 AR (1) モデルの係数 $a(1)$ は

$$a(1) = \rho(1)$$

となります.

自己回帰 AR (1) モデルの場合

推定量 $a(1)$ ＝ 推定量 $\rho(1)$

となりますが

a_1 と ρ_1 を SPSS で計算してみると，次のようになります.

ARIMA モデルパラメータ

				推定値	SE	t	有意確率
データ—モデル__ 1	変換なし	定数		99.673	.330	301.705	.000
		AR	ラグ 1	−.736	.068	−10.813	.000

自己相関

時系列：データ

			Box-Ljung 統計量		
ラグ	自己相関	標準誤差	値	自由度	有意確率
1	−.730	.099	54.876	1	.000
2	.517	.098	82.708	2	.000

▶ $p = 2$ の場合

ユール・ウォーカーの方程式は

$$\begin{bmatrix} 1 & \rho(1) \\ \rho(1) & 1 \end{bmatrix} \cdot \begin{bmatrix} a(1) \\ a(2) \end{bmatrix} = \begin{bmatrix} \rho(1) \\ \rho(2) \end{bmatrix}$$

となります.

そこで，自己相関係数の逆行列を左からかけ算してみると……

$$\begin{bmatrix} 1 & \rho(1) \\ \rho(1) & 1 \end{bmatrix}^{-1} \cdot \begin{bmatrix} 1 & \rho(1) \\ \rho(1) & 1 \end{bmatrix} \cdot \begin{bmatrix} a(1) \\ a(2) \end{bmatrix} = \begin{bmatrix} 1 & \rho(1) \\ \rho(1) & 1 \end{bmatrix}^{-1} \cdot \begin{bmatrix} \rho(1) \\ \rho(2) \end{bmatrix}$$

$$\begin{bmatrix} a(1) \\ a(2) \end{bmatrix} = \begin{bmatrix} 1 & \rho(1) \\ \rho(1) & 1 \end{bmatrix}^{-1} \cdot \begin{bmatrix} \rho(1) \\ \rho(2) \end{bmatrix}$$

$$\begin{bmatrix} a(1) \\ a(2) \end{bmatrix} = \begin{bmatrix} \dfrac{1}{1 \times 1 - \rho(1) \times \rho(1)} & \dfrac{-\rho(1)}{1 \times 1 - \rho(1) \times \rho(1)} \\ \dfrac{-\rho(1)}{1 \times 1 - \rho(1) \times \rho(1)} & \dfrac{1}{1 \times 1 - \rho(1) \times \rho(1)} \end{bmatrix} \cdot \begin{bmatrix} \rho(1) \\ \rho(2) \end{bmatrix}$$

$$\begin{bmatrix} a(1) \\ a(2) \end{bmatrix} = \begin{bmatrix} \dfrac{1}{1 - \rho(1)^2} & \dfrac{-\rho(1)}{1 - \rho(1)^2} \\ \dfrac{-\rho(1)}{1 - \rho(1)^2} & \dfrac{1}{1 - \rho(1)^2} \end{bmatrix} \cdot \begin{bmatrix} \rho(1) \\ \rho(2) \end{bmatrix}$$

$$\begin{bmatrix} a(1) \\ a(2) \end{bmatrix} = \begin{bmatrix} \dfrac{\rho(1) - \rho(1) \times \rho(2)}{1 - \rho(1)^2} \\ \dfrac{-\rho(1)^2 + \rho(2)}{1 - \rho(1)^2} \end{bmatrix}$$

よって，自己回帰 $\mathrm{AR}(2)$ モデルの係数 $a(1)$, $a(2)$ は

$$a(1) = \frac{\rho(1) - \rho(1) \times \rho(2)}{1 - \rho(1)^2}$$

$$a(2) = \frac{-\rho(1)^2 + \rho(2)}{1 - \rho(1)^2}$$

146 ページも
見てください

となります.

■ SPSS の自己回帰 AR（p）モデルと伝達関数

SPSS による自己回帰 AR（p）モデル式は，次のような表現になります．

$$y(t) = \varphi_1 \times y(t-1) + \varphi_2 \times y(t-2) + \cdots + \varphi_p \times y(t-p) + u(t)$$

この式を変形すると……

$$y(t) - \varphi_1 \times y(t-1) - \varphi_2 \times y(t-2) - \cdots - \varphi_p \times y(t-p) = u(t)$$
$$(1 - \varphi_1 \times B - \varphi_2 \times B^2 - \cdots - \varphi_p \times B^p) \, y(t) = u(t)$$
$$\varphi(B) \, y(t) = u(t)$$

したがって，次のようになります．

$$y(t) = \frac{1}{\varphi(B)} \, u(t)$$

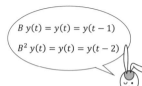

$B \, y(t) = y(t) = y(t-1)$

$B^2 \, y(t) = y(t) = y(t-2)$

ところで，この式は伝達関数モデル

$$y(t) = \mu + \frac{\text{Num}}{\text{Den}} \, x(t) + \frac{1}{\varphi(B)} \, u(t)$$

の独立変数 $x(t)$ がない場合に対応しています．

$$y(t) = \mu + \frac{\text{Num}}{\text{Den}} \quad + \frac{1}{\varphi(B)} \, u(t)$$

伝達関数は p.214 を！

▶ $p = 2$ の場合

自己回帰 AR（2）モデルの式は次のようになります．

$$y(t) = \varphi_1 \times y(t-1) + \varphi_2 \times y(t-2) + u(t)$$

この式を変形して……

$$y(t) - \varphi_1 \times y(t-1) - \varphi_2 \times y(t-2) = u(t)$$
$$(1 - \varphi_1 \times B - \varphi_2 \times B^2) \, y(t) = u(t)$$

したがって，伝達関数モデルの式は，次のようになります．

$$y(t) = \frac{1}{1 - \varphi_1 \times B - \varphi_2 \times B^2} \, u(t)$$

■ SPSS の自己回帰 AR（*p*）モデルと状態空間モデル

自己回帰 AR（*p*）モデル

$$y(t) = \varphi_1 \times y(t-1) + \varphi_2 \times y(t-2) + \cdots + \varphi_p \times y(t-p) + u(t)$$

を，次のような2つの式で表現したとき，**状態空間モデル**といいます．

式 A
$$y(t) = \begin{bmatrix} 1 & 0 & \cdots & 0 & 0 \end{bmatrix} \cdot \begin{bmatrix} y(t) \\ y(t-1) \\ \vdots \\ y(t-p+1) \\ y(t-p) \end{bmatrix}$$

式 B
$$\begin{bmatrix} y(t) \\ y(t-1) \\ \vdots \\ y(t-p+2) \\ y(t-p+1) \end{bmatrix} = \begin{bmatrix} \varphi_1 & \varphi_2 & \cdots & \varphi_p-1 & \varphi_p \\ 1 & 0 & \cdots & 0 & 0 \\ \vdots & \vdots & \ddots & \vdots & \vdots \\ 0 & 0 & \cdots & 0 & 0 \\ 0 & 0 & \cdots & 1 & 0 \end{bmatrix} \cdot \begin{bmatrix} y(t-1) \\ y(t-2) \\ \vdots \\ y(t-p+1) \\ y(t-p) \end{bmatrix} + \begin{bmatrix} 1 \\ 0 \\ \vdots \\ 0 \\ 0 \end{bmatrix} \cdot u(t)$$

▶ *p* = 2 の場合

自己回帰 AR（2）モデルの式は次のようになります．

$$y(t) = \varphi_1 \times y(t-1) + \varphi_2 \times y(t-2) + u(t)$$

このときの状態空間モデルは，次のようになります．

・は行列の
かけ算です

式 A
$$y(t) = \begin{bmatrix} 1 & 0 \end{bmatrix} \cdot \begin{bmatrix} y(t) \\ y(t-1) \end{bmatrix}$$

式 B
$$\begin{bmatrix} y(t) \\ y(t-1) \end{bmatrix} = \begin{bmatrix} \varphi_1 & \varphi_2 \\ 1 & 0 \end{bmatrix} \cdot \begin{bmatrix} y(t-1) \\ y(t-2) \end{bmatrix} + \begin{bmatrix} 1 \\ 0 \end{bmatrix} \cdot u(t)$$

ARMA(p, q) モデル

定常時系列データ

$$\{\ x(1)\ \ x(2)\ \ \cdots\ \ x(t-p)\ \ \cdots\ \ x(t-2)\ \ x(t-1)\ \ x(t)\ \}$$

p 期前　　　　　2 期前　1 期前　現在

に対し, 時点 t の値 $x(t)$ が $x(t-1)$, $x(t-2)$, $\cdots$, $x(t-p)$ と
ホワイトノイズ $\{u(t)\}$ を用いて

$$x(t) = a_1 \times x(t-1) + a_2 \times x(t-2) + \cdots + a_p \times x(t-p)$$
$$+ u(t) - b_1 \times u(t-1) - b_2 \times u(t-2) - \cdots - b_q \times u(t-q)$$

と表されるとき, この式を

ARMA(p, q) モデル

といいます.

ARMA の読み方は
"アーマ" です

実際に取り扱う場合には

● ARMA$(1, 0)$ モデル (= AR(1) モデル)

● ARMA$(2, 0)$ モデル (= AR(2) モデル)

● ARMA$(1, 1)$ モデル

● ARMA$(2, 1)$ モデル

などのようになります.

AR …… 自己回帰
MA …… 移動平均

Key Word　ARMA(p, q) モデル：autoregressive moving averave model

■ ARMA（1, 1）モデルの性質

ARMA $(1, 1)$ モデルの式

$$
\begin{aligned}
X(t) &= a(1) \times X(t-1) + U(t) - b(1) \times U(t-1) \\
x(t) &= a_1 \quad\ \times X(t-1) + u(t) - b_1 \quad\ \times u(t-1)
\end{aligned}
$$

において……

> この式は定数項を
> 含んでいません

性質 1. 1 期先の予測値 $\hat{x}(t, 1)$

$$
\hat{x}(t, 1) = a_1 \times x(t) - b_1 \times \{x(t) - \hat{x}(t-1, 1)\}
$$

性質 2. 1 次の自己相関係数 $\rho(1)$

$$
\rho(1) = \frac{\{1 - a(1) \times b(1)\} \times (a(1) - b(1))}{1 - 2 \times a(1) \times b(1) + b(1)^2}
$$

性質 3. k 次の自己相関係数 $\rho(k)$

$$
\rho(k) = a(1)^{k-1} \times \rho(1)
$$

> ARMA(1,1)モデルや
> ARMA(2,1)モデルの
> 自己相関と偏自己相関の
> プロットは複雑になるので

> 参考文献 [3] [4] を
> 参照されたし！

Section 11.3　ARIMA(p, d, q) モデル

非定常時系列データ

$$\{\ x(1)\ \ x(2)\ \cdots\ x(t-p)\ \cdots x(t-2)\ \ x(t-1)\ \ x(t)\ \}$$

↑　　　↑　　　↑
2期前　1期前　現在

に対して差分を，次のように定義します．

- 1次の差分　　　　$\varDelta x(t) = x(t) - x(t-1)$
- 2次の差分　　　　$\varDelta^2 x(t) = \varDelta x(t) - \varDelta x(t-1)$
  $$= x(t) - 2 \times x(t-1) + x(t-2)$$
- 3次の差分　　　　$\varDelta^3 x(t) = \varDelta^2 x(t) - \varDelta^2 x(t-1)$
  $$= x(t) - 3 \times x(t-1) + 3 \times x(t-2) - x(t-3)$$

　このとき，d 次の差分$\varDelta^d x(t)$ に対して
ARMA(p, q) モデルを考えた式を

ARIMA(p, d, q) モデル

といいます．

非定常時系列のときに
有効なのが
ARIMA モデルです

"アリマ"
と読みます

■ 差分をとる理由

　差分をとることにより

"非定常時系列が定常時系列になる"

場合があります．

　実際には，差分は1回，多くて2回までなので
ARIMA(p, d, q) モデルは

ARIMA$(p, 1, q)$　または　ARIMA$(p, 2, q)$

となります．

■ARIMA (*p, d, q*) モデル作成の手順

Step 1　ARIMA (*p, d, q*) モデルの同定

1.1　非定常時系列の場合，*d* 次の差分でトレンドを除去し
定常時系列に変換します.

1.2　自己相関と偏自己相関プロットを見て
p と *q* を同定します.

ARIMA(p, d, q) の
"d" は差分の回数
のことじゃよ

Step 2　ARIMA (*p, d, q*) モデルの推定

最尤法などで，係数 a_i, b_j を推定します.

Step 3　ARIMA (*p, d, q*) モデルの診断

残差に対しリュング・ボックスの検定をして
求めたモデルが適当かどうか診断します.

この 3 つの手順のことをボックス・ジェンキンス法といいます.

ARIMA モデルの作成には
SPSS のような
統計解析用ソフトを利用します

Key Word　ARIMA (*p, d, q*) モデル：
autoregressive integrated moving average model
ボックス・ジェンキンス法：Box-Jenkins method

| 例 | 次の時系列データを使って，実際にボックス・ジェンキンス法を体験してみましょう． |

表 11.1

時間	時系列データ	時間	時系列データ	時間	時系列データ	時間	時系列データ
1	50	26	62	51	76	76	65
2	48	27	51	52	51	77	62
3	60	28	70	53	69	78	70
4	36	29	49	54	46	79	70
5	65	30	60	55	79	80	67
6	35	31	66	56	38	81	66
7	66	32	65	57	74	82	74
8	45	33	64	58	45	83	70
9	58	34	67	59	73	84	67
10	47	35	62	60	44	85	77
11	56	36	66	61	68	86	62
12	47	37	67	62	72	87	83
13	65	38	60	63	52	88	66
14	39	39	68	64	77	89	86
15	68	40	65	65	50	90	69
16	46	41	65	66	72	91	81
17	59	42	63	67	62	92	86
18	51	43	75	68	61	93	74
19	62	44	55	69	64	94	82
20	46	45	70	70	59	95	80
21	68	46	54	71	75	96	90
22	49	47	65	72	51	97	79
23	57	48	60	73	74	98	88
24	60	49	71	74	55	99	91
25	54	50	44	75	70	100	82

Step 1 はじめに，時系列グラフを描きます.

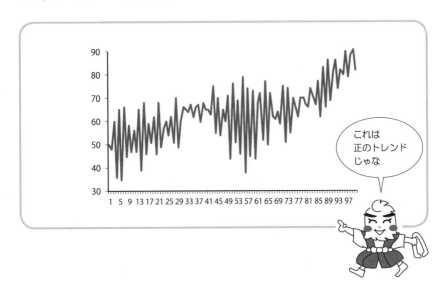

この時系列グラフを見ると，右上がりのトレンドが
あることがわかります.
このようなとき差分をとれば，この時系列データを
"定常時系列に変換"
することができます.

Step 2 そこで，差分を1回とって，時系列グラフを
描いてみましょう．

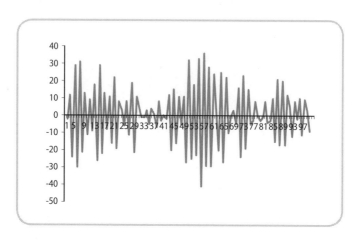

この時系列グラフを見ると，トレンドが消去されていることが
わかるので

$$d = 1$$

とします．

このように，ARIMA(p, d, q) モデルでは
差分を d 回とることにより

"ARMA(p, q) モデルに変換"

することができます．

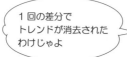

1回の差分で
トレンドが消去された
わけじゃよ

Step 3 次に，差分をとった時系列データに対して
自己相関と偏自己相関のプロットを作図します．

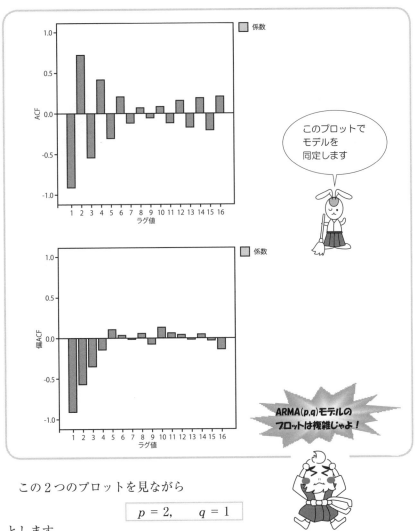

この2つのプロットを見ながら

$$p = 2, \qquad q = 1$$

とします．
　つまり，差分をとった時系列データは
　　　　　　　"ARMA(2,1) モデル"
と同定します．

Step 4 次に，SPSS を利用して，係数 a_1，a_2，b_1 を推定します.

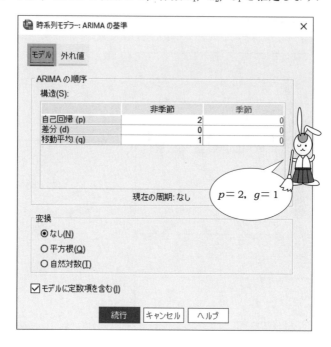

この計算結果は，次のようになります.

ARIMA モデルパラメータ

			推定値	SE	t	有意確率
変換なし	定数		.374	.122	3.059	.003
	AR	ラグ 1	− 1.185	.139	− 8.505	.000
		ラグ 2	− .367	.135	− 2.720	.008
	MA	ラグ 1	.452	.137	3.303	.001

差分を 1 回とっているので

$$y(t) = x(t) - x(t-1)$$

とおくと，ARMA $(2,1)$ モデルの式は

$$y(t) - 0.374 = -1.185 \times (y(t-1) - 0.374) - 0.367 \times (y(t-2) - 0.374) \\ + u(t) - 0.452 \times u(t-1)$$

となります．

したがって……

ARIMA $(2,1,1)$ モデルの式は

$$x(t) - x(t-1) - 0.374 = -1.185 \times \{(x(t-1) - x(t-2)) - 0.374\} \\ - 0.367 \times \{(x(t-2) - x(t-3)) - 0.374\} \\ + u(t) - 0.452 \times u(t-1)$$

となります．

これがモデルの推定でござる

このモデルの適合統計量は $R^2 = 0.893$

■ 定数項を含む場合

定数項を含む ARIMA $(2,1,1)$ モデルは，次の 2 つの式

$$\begin{cases} y(t) = x(t) - x(t-1) \\ y(t) - 定数項 = a_1 \times (y(t-1) - 定数項) + a_2 \times (y(t-2) - 定数項) \\ \qquad\qquad + u(t) - b_1 \times u(t-1) \end{cases}$$

を使って表現されます．

Step 5 最後に，モデルの診断をします.

そのために，残差の自己相関係数とそのコレログラムを
作図します.

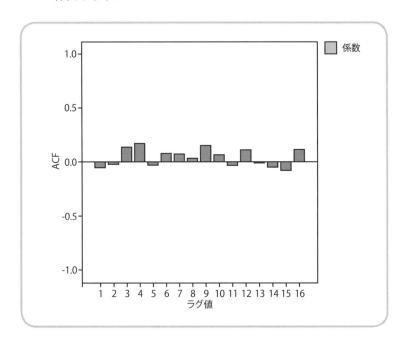

この図を見ると，すべての自己相関係数は信頼限界の中に
入っているので

"残差はホワイトノイズである"

と考えられます.

つまり，ARIMA (p, d, q) モデルの条件

"$u(t)$ はホワイトノイズ"

を満たしていることがわかりました.

なるほど
ガッテン！

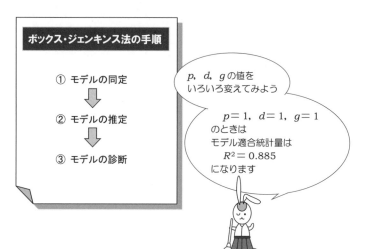

■2変量自己回帰 VAR（1）モデル

2変数の時系列データ

時　間	1	2	3	…	$t-1$	t
変数 x_1	$x_1(1)$	$x_1(2)$	$x_1(3)$	…	$x_1(t-1)$	$x_1(t)$
変数 x_2	$x_2(1)$	$x_2(2)$	$x_2(3)$	…	$x_2(t-1)$	$x_2(t)$

に対して，2変量自己回帰 VAR（1）モデルの式は

$$\begin{cases} x_1(t) = a_{11} \times x_1(t-1) + a_{12} \times x_2(t-1) + u_1(t) \\ x_2(t) = a_{21} \times x_1(t-1) + a_{22} \times x_2(t-1) + u_2(t) \end{cases}$$

のようになります．

これを行列で表現すると，次のようになります．

$$\begin{bmatrix} x_1(t) \\ x_2(t) \end{bmatrix} = \begin{bmatrix} a_{11} & a_{12} \\ a_{21} & a_{22} \end{bmatrix} \cdot \begin{bmatrix} x_1(t-1) \\ x_2(t-1) \end{bmatrix} + \begin{bmatrix} u_1(t) \\ u_2(t) \end{bmatrix}$$

Section 12.1　ランダムウォークの作り方

　次の時系列グラフを見てみましょう.

　テレビで株式ニュースを見ていると，このような折れ線グラフをよく目にすることがあります.

このグラフ
どこかで
見たような……

　　この折れ線グラフは平均株価の動きによく似ていますが
実は，人工的に作成された時系列データのグラフです.

　　このような動きをする時系列をランダムウォークといいます.

Key Word　ランダムウォーク：random walk

■ ランダムウォーク作成の手順

ランダムウォークは，次の順序で作ることができます．

Step 1 Excel の関数 RAND を使って乱数を発生させます．
この乱数は 0 と 1 の間を動きます．

Step 2 次に，ホワイトノイズを作ります．
Step 1 で発生させた乱数の値を − 0.5 ずらすことにより
時系列データの平均値を 0 にすることができます．
これがホワイトノイズです．

Step 3 $x(0) = 0$ とおいて

$$x(1) = x(0) + \text{ホワイトノイズ}$$
$$x(2) = x(1) + \text{ホワイトノイズ}$$
$$x(3) = x(2) + \text{ホワイトノイズ}$$
$$\vdots$$
$$x(t) = x(t-1) + \text{ホワイトノイズ}$$

のように，次々と時系列データ $\{x(t)\}$ を作ってゆくと
ランダムウォークのできあがりです．

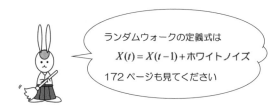

ランダムウォークの定義式は
$X(t) = X(t-1) + \text{ホワイトノイズ}$
172 ページも見てください

■ Excel によるランダムウォークの作り方

手順1 次のように入力しておきます.

	A	B	C	D	E	F
1	No.	乱数	ホワイトノイズ	ランダムウォーク		
2	1					
3	2	0.0390	−0.4610			
4	3	0.7789	0.2789			
5	4	0.4623	−0.0377			
6	5	0.3219	−0.1781			
7	6	0.6600	0.1600			
8	7	0.9585	0.4585			
9	8	0.4092	−0.0908			
10	9	0.0074	−0.4926			
11	10	0.9535	0.4535			
12	11	0.8733	0.3733			
13	12	0.3443	−0.1557			
14	13	0.5977	0.0977			
15	14	0.0520	−0.4480			
95		0.4001				
96	95	0.4844	−0.0156			
97	96	0.7488	0.2488			
98	97	0.2203	−0.2797			
99	98	0.8106	0.3106			
100	99	0.2025	−0.2975			
101	100	0.4532	−0.0468			
102						
103						

> 乱数を発生させる
> Excel 関数は
> RAND

> ホワイトノイズは
> ＝乱数−0.5
> と入力します

手順2 D2 のセルをクリックして,初期値を入力します.

	A	B	C	D	E	F
1	No.	乱数	ホワイトノイズ	ランダムウォーク		
2	1			0.0000		
3	2	0.1255	−0.3745			
4	3	0.2117	−0.2883			
5	4	0.7777	0.2777			
6	5	0.3268	−0.1732			
7	6	0.0539	−0.4461			
8	7	0.9474	0.4474			
9	8	0.3182	−0.1818			
10	9	0.1941	−0.3059			
11	10	0.9883	0.4883			

> 初期値は
> 0
> としてみました

手順3 D3のセルに＝D2＋C3と入力します.

	A	B	C	D	E	F
				D3 ... =D2+C3		
1	No.	乱数	ホワイトノイズ	ランダムウォーク		
2	1			0.0000		
3	2	0.9201	0.4201	0.4201		
4	3	0.7608	0.2608			
5	4	0.0718	-0.4282			
6	5	0.3770	-0.1230			
7	6	0.0206	-0.4794			
8	7	0.9681	0.4681			
9	8	0.4385	-0.0615			
10	9	0.4191	-0.0809			

手順4 D3のセルをコピーして，D4からD101まで貼り付けると
ランダムウォークができあがります.

	A	B	C	D	E	F
1	No.	乱数	ホワイトノイズ	ランダムウォーク		
2	1			0.0000		
3	2	0.3260	-0.1740	-0.1740		
4	3	0.8779	0.3779	0.2039		
5	4	0.7493	0.2493	0.4532		
6	5	0.6509	0.1509	0.6041		
7	6	0.5481	0.0481	0.6523		
8	7	0.6424	0.1424	0.7946		
9	8	0.6711	0.1711	0.9657		
10	9	0.0240	-0.4760	0.4898		
11	10	0.4997	-0.0003	0.4895		
12	11	0.1026	-0.3974	0.0922		
13	12	0.7158	0.2158	0.3080		
14	13	0.0378	-0.4622	-0.1542		
15	14	0.1911	-0.3089	-0.463		
	15	0.9104	-0.1...	-0.587...		
94			0.4699			
95	94	0.9699	0.4699	-1.6637		
96	95	0.6724	0.1724	-1.4913		
97	96	0.9146	0.4146	-1.0767		
98	97	0.6354	0.1354	-0.9413		
99	98	0.4500	-0.0500	-0.9913		
100	99	0.1801	-0.3199	-1.3113		
101	100	0.1472	-0.3528	-1.6640		
102						

続いて
グラフを描くのじゃ

手順5 次に，このランダムウォークの時系列グラフを
描いてみましょう.
データの範囲を指定して……

	A	B	C	D	E	F
1	No.	乱数	ホワイトノイズ	ランダムウォーク		
2	1			0.0000		
3	2	0.3260	-0.1740	-0.1740		
4	3	0.8779	0.3779	0.2039		
5	4	0.7493	0.2493	0.4532		
6	5	0.6509	0.1509	0.6041		
7	6	0.5481	0.0481	0.6523		
8	7	0.6424	0.1424	0.7946		
9	8	0.6711	0.1711	0.9657		
10	9	0.0240	-0.4760	0.4898		
11	10	0.4997	-0.0003	0.4895		
12	11	0.1026	-0.3974	0.0922		
13	12	0.7158	0.2158	0.3080		
14	13	0.0378	-0.4622	-0.1542		

手順6 ［挿入］⇒［折れ線］を選択します.

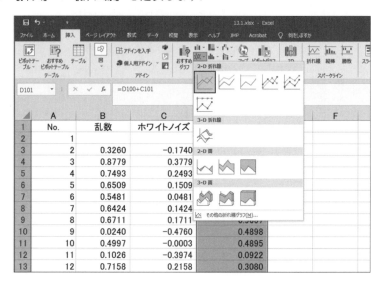

手順7 次のように時系列グラフが作図されました.

これがランダムウォークと呼ばれている時系列データの
グラフです.

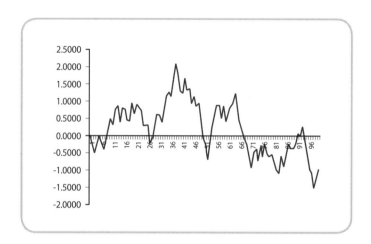

セルをダブルクリックしてから
[Enter]キーを押してみてください
いろいろなランダムウォークが現れます

なるほど
ランダム!

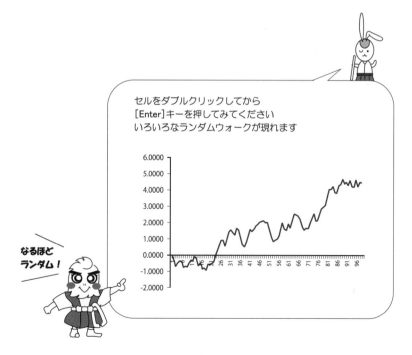

ランダムウォークの定義は，意外とカンタンです．

ランダムウォークの定義

時系列データ

$$\{ \ x(1) \ \ x(2) \ \ x(3) \ \ \cdots \ \ x(t-3) \ \ x(t-2) \ \ x(t-1) \ \ x(t) \ \}$$

の差分をとった時系列

$$x(2)-x(1)$$

$$x(3)-x(2)$$

$$\cdots$$

$$x(t-1)-x(t-2)$$

$$x(t)-x(t-1)$$

がホワイトノイズのとき，もとの時系列データ

$$\{ \ x(1) \ \ x(2) \ \ x(3) \ \ \cdots \ \ x(t-3) \ \ x(t-2) \ \ x(t-1) \ \ x(t) \ \}$$

をランダムウォークといいます．

ホワイトノイズを $u(t)$ とすると，差分をとった時系列は

$$x(t)-x(t-1)=u(t)$$

となるので，ランダムウォーク $\{x(t)\}$ は

$$x(t)=x(t-1)+u(t)$$

と表せます．

ということは，自己回帰 AR(1) モデル

$$X(t)=a(1)\times X(t-1)+U(t)$$

において，$a(1)=1$ のときが，ランダムウォークというわけです．

■ ランダムウォークの性質

時系列データ

$$\{ \quad x(1) \ x(2) \ x(3) \ \cdots \ x(t-2) \quad x(t-1) \quad x(t) \quad \boxed{?} \quad \}$$

2期前　　　1期前　　現在　　1期前

がランダムウォーク

$$x(t) = x(t-1) + u(t)$$

の場合，1期先の予測値

$$\hat{x}(t,1) = \boxed{?}$$

は，どのような値になるのでしょうか？

ホワイトノイズ $U(t)$ の期待値は $\boxed{0}$ です．

つまり，1期先の予測値は

$$\hat{x}(t,1) = x(t) + \boxed{0}$$
$$= x(t)$$

ホワイトノイズの定義は
78ページにあります

期待値 $E(U(t)) = \boxed{0}$

となります．

ということは……

ランダムウォークの場合

明日の最適な予測値＝今日の値

ということですね!!

明日の予測は
不可能なのか?!

投資家を悩ませる問題の1つに

　　　　　　　"株価の動きはランダムウォークか？"

というのがあります.

　もし，株価の動きがランダムウォークになっているのなら

　　　　　　明日の最適な予測株価＝今日の株価

ということですから，明日の株価を予測することに意味がありません.

　はたして，株価の変動はランダムウォークモデルに従っているのでしょうか？

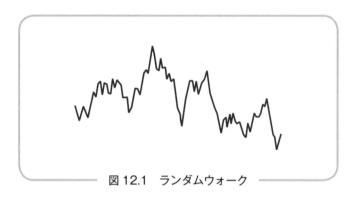

図12.1　ランダムウォーク

　時系列データが与えられたとき，その動きがランダムウォークかどうか調べることができればうれしいですね！

　ランダムウォークは

$$x(t) = x(t-1) + u(t)$$

です.

　ここで，自己回帰 AR(1) モデル

$$X(t) = a(1) \times X(t-1) + U(t)$$

を思い出しましょう.

つまり，自己回帰 AR (1) モデルにおいて

$$a(1) = \boxed{1}$$

のときが，ランダムウォークモデルなのです．

このことから，次の3つの手順

手順1. 自己回帰 AR (1) モデルの作成

手順2. $a(1) = \boxed{1}$ かどうかの検定

手順3. 残差の自己相関係数が $\boxed{0}$ かどうかの検定

が，**ランダムウォークの検定**となります．

手順2は
"単位根の検定"
です

単位根の検定に
ついて詳しく
知りたいときは

参考文献［3］が
オススメです

$S(t)$ を株価としたとき，連続複利の投資収益率は

$$\underset{\underset{\text{連続複利の投資収益率}}{\uparrow}}{\log \frac{S(t)}{S(t-1)}} = \log S(t) - \log S(t-1)$$

となります．

このとき……

$$\log \frac{S(t)}{S(t-1)} \text{ がホワイトノイズ} \iff \log S(t) \text{ がランダムウォーク}$$

13章 時系列データの回帰分析

Section 13.1　回帰分析と残差の問題

　時系列データを使って

　　　　　　"予測をする"

といったとき，すぐ思いつく統計処理は

　　　　　　"回帰分析"

です．

> 原因 x と結果 y を
> 結ぶものが
> "回帰モデル"であるよ

　ところが，経済時系列データに回帰分析を適用してみると

　　　　　　"残差の間に時間的関連が残っている"

といったことがよくあります．

> 残差とは……
>
> 　　残差＝実測値－予測値

> ダービン・ワトソン比 d
> $d = 2 \longleftrightarrow$ 残差はランダム
> 参考文献［13］p.178 参照

Key Word　回帰分析：regression analysis

■ 回帰分析のモデルの条件

ところで，回帰分析のモデルには，次の3つの条件が付いています．

回帰分析のモデルの条件

回帰分析のモデル式

$$\begin{cases} y_1 = \alpha + \beta x_1 + \varepsilon_1 \\ y_2 = \alpha + \beta x_2 + \varepsilon_2 \\ \vdots \\ y_N = \alpha + \beta x_N + \varepsilon_N \end{cases}$$

の誤差 $\varepsilon_1, \varepsilon_2, \cdots, \varepsilon_N$ に付いている条件は……

　　　条件1：ε_i の平均値 $\mathrm{E}(\varepsilon_i)$ は 0

　　　条件2：ε_i の分散 $\mathrm{Var}(\varepsilon_i)$ は σ^2

　　　条件3：ε_i と ε_j は互いに独立 $(i \neq j)$

経済時系列データは，もともと
　　　　　"互いに時間的関連のあるデータ"
なので，このような時系列データに回帰分析を適用すると

　　　　条件3：ε_i と ε_j は互いに独立

のところに微妙な問題が生じます．

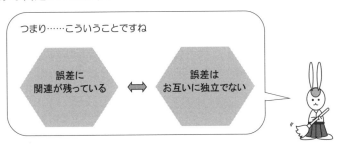

つまり……こういうことですね

誤差に関連が残っている ⟺ 誤差はお互いに独立でない

具体例で考えてみましょう.

次の経済時系列データに対して，単回帰分析をおこなってみると……

表13.1　経済時系列データ

時間	従属変数	独立変数	時間	従属変数	独立変数
t	y	x	t	y	x
1	19.5	98.2	31	21.5	100.1
2	19.4	98.1	32	17.0	99.5
3	21.8	99.8	33	22.9	100.2
4	19.1	98.8	34	16.4	99.9
5	20.8	100.3	35	23.0	100.0
6	19.0	98.1	36	18.0	99.9
7	21.8	101.2	37	22.4	99.7
8	17.0	98.5	38	17.8	98.5
9	22.2	101.4	39	19.4	99.8
10	17.9	98.5	40	19.7	101.7
11	20.7	100.3	41	19.7	99.9
12	21.2	100.1	42	20.0	98.7
13	17.2	98.7	43	21.4	98.6
14	22.2	101.5	44	19.2	100.3
15	18.4	100.7	45	19.9	97.7
16	21.5	100.2	46	20.2	101.2
17	18.8	99.6	47	18.8	100.1
18	21.5	100.0	48	17.5	99.3
19	18.1	99.8	49	23.6	99.3
20	22.6	101.1	50	18.3	100.3
21	17.3	98.9	51	19.2	100.1
22	21.7	99.9	52	19.0	100.8
23	18.9	100.1	53	20.5	101.0
24	21.3	100.5	54	19.5	98.5
25	18.6	100.3	55	21.2	100.0
26	20.7	100.0	56	16.6	100.7
27	19.5	99.7	57	23.1	101.8
28	20.2	99.7	58	16.6	100.1
29	21.8	101.2	59	23.4	100.1
30	18.4	99.4	60	24.0	101.5

SPSS で分析すると，計算結果は次のようになります．

モデル集計

モデル	R	R2 乗	調整済み R2 乗	推定値の 標準誤差
1	.401	.161	.146	1.82306

分散分析

モデル		平方和（分散成分）	自由度	平均平方	F 値	有意確率
1	回帰	36.925	1	36.925	11.110	.001
	残差	192.765	58	3.324		
	合計	229.690	59			

係数

モデル		標準化されてない係数		標準化係数		
		B	標準誤差	ベータ	t 値	有意確率
1	（定数）	− 61.217	24.362		− 2.516	.015
	物価指数	.813	.244	.401	3.333	.001

したがって，単回帰式は

$$従属変数 = -61.217 + 0.813 \times 独立変数$$

となります．

このときの残差

$$残差 = 実測値 - 予測値$$

を調べてみましょう．

残差を計算すると
次のページのようになります．

この残差には
"時間的関連が
残っている"
のでござるか？

表 13.2　残差＝実測値－予測値

時間 t	実測値 y	予測値 Y	残差 $y-Y$	時間 t	実測値 y	予測値 Y	残差 $y-Y$
1	19.5	18.62	0.88	31	21.5	20.16	1.34
2	19.4	18.54	0.86	32	17.0	19.68	-2.68
3	21.8	19.92	1.88	33	22.9	20.25	2.65
4	19.1	19.11	-0.01	34	16.4	20.00	-3.60
5	20.8	20.33	0.47	35	23.0	20.08	2.92
6	19.0	18.54	0.46	36	18.0	20.00	-2.00
7	21.8	21.06	0.74	37	22.4	19.84	2.56
8	17.0	18.86	-1.86	38	17.8	18.86	-1.06
9	22.2	21.22	0.98	39	19.4	19.92	-0.52
10	17.9	18.86	-0.96	40	19.7	21.47	-1.77
11	20.7	20.33	0.37	41	19.7	20.00	-0.30
12	21.2	20.16	1.04	42	20.0	19.03	0.97
13	17.2	19.03	-1.83	43	21.4	18.94	2.46
14	22.2	21.30	0.90	44	19.2	20.33	-1.13
15	18.4	20.65	-2.25	45	19.9	18.21	1.69
16	21.5	20.25	1.25	46	20.2	21.06	-0.86
17	18.8	19.76	-0.96	47	18.8	20.16	-1.36
18	21.5	20.08	1.42	48	17.5	19.51	-2.01
19	18.1	19.92	-1.82	49	23.6	19.51	4.09
20	22.6	20.98	1.62	50	18.3	20.33	-2.03
21	17.3	19.19	-1.89	51	19.2	20.16	-0.96
22	21.7	20.00	1.70	52	19.0	20.73	-1.73
23	18.9	20.16	-1.26	53	20.5	20.90	-0.40
24	21.3	20.49	0.81	54	19.5	18.86	0.64
25	18.6	20.33	-1.73	55	21.2	20.08	1.12
26	20.7	20.08	0.62	56	16.6	20.65	-4.05
27	19.5	19.84	-0.34	57	23.1	21.55	1.55
28	20.2	19.84	0.36	58	16.6	20.16	-3.56
29	21.8	21.06	0.74	59	23.4	20.16	3.24
30	18.4	19.60	-1.20	60	24.0	21.30	2.70

時点 60 のとき $\left\{\begin{array}{l} \text{予測値} = -61.217 + 0.813 \times 101.5 = 21.3025 \\ \text{残差} = 24.0 - 21.3025 = 2.6975 \end{array}\right.$

この単回帰分析の残差の自己相関係数とコレログラムは
次のようになっています.

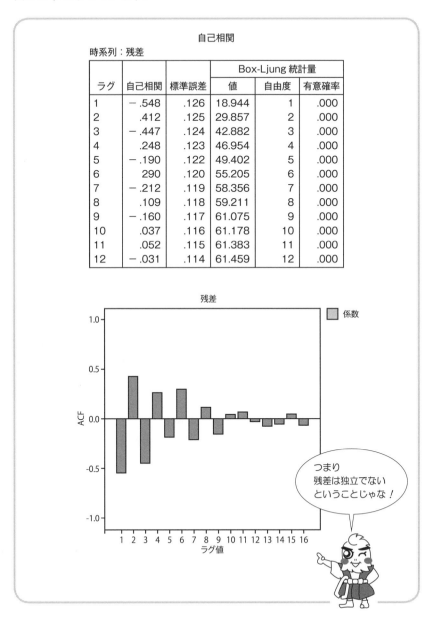

自己相関

時系列：残差

ラグ	自己相関	標準誤差	Box-Ljung 統計量		
			値	自由度	有意確率
1	− .548	.126	18.944	1	.000
2	.412	.125	29.857	2	.000
3	− .447	.124	42.882	3	.000
4	.248	.123	46.954	4	.000
5	− .190	.122	49.402	5	.000
6	290	.120	55.205	6	.000
7	− .212	.119	58.356	7	.000
8	.109	.118	59.211	8	.000
9	− .160	.117	61.075	9	.000
10	.037	.116	61.178	10	.000
11	.052	.115	61.383	11	.000
12	− .031	.114	61.459	12	.000

残差

つまり
残差は独立でない
ということじゃな！

そこで，自己回帰 AR (1) モデルに独立変数を利用してみると
SPSS の計算結果は，次のようになります.

モデルの説明

			モデルの種類
モデル ID　従属変数　モデル_1			ARIMA (1, 0, 0)

ARIMA モデルパラメータ

					推定値
従属変数－モデル_1	従属変数	変換なし	定数		− .451
			AR	ラグ 1	− .705
	独立変数	変換なし	分子	ラグ 0	.204

したがって

$$従属変数 = y(t), \qquad 独立変数 \qquad = x(t)$$
$$残差 \qquad = r(t), \qquad ホワイトノイズ = u(t)$$

とおくと

従属変数と独立変数の間で

$$\begin{cases} y(t) = -0.451 + 0.204 \times x(t) + r(t) \\ r(t) = -0.705 + r(t-1) + u(t) \end{cases}$$

という表現が考えられます.

$$r(t) = y(t) - (-0.451) - 0.204 \times x(t) \quad \cdots\cdots 観測方程式$$
$$r(t) = -0.705 \times r(t-1) + u(t) \quad \cdots\cdots 状態方程式$$

このときの残差は，次のページのようになります.

表 13.3 残差＝実測値＝予測値

時間	実測値	予測値	残差	時間	実測値	予測値	残差
1	19.5	19.61	− 0.11	31	21.5	21.02	0.48
2	19.4	19.67	− 0.27	32	17.0	18.82	− 1.82
3	21.8	20.07	1.73	33	22.9	22.05	0.85
4	19.1	18.42	0.68	34	16.4	17.93	− 1.53
5	20.8	20.48	0.32	35	23.0	22.49	0.51
6	19.0	19.05	− 0.05	36	18.0	17.83	0.17
7	21.8	20.64	1.16	37	22.4	21.30	1.10
8	17.0	18.56	− 1.56	38	17.8	17.92	− 0.12
9	22.2	22.15	0.05	39	19.4	21.26	− 1.86
10	17.9	18.31	− 0.41	40	19.7	20.7	− 1.00
11	20.7	21.29	− 0.59	41	19.7	20.4	− 0.70
12	21.2	19.53	1.67	42	20.0	19.89	0.11
13	17.2	18.86	− 1.66	43	21.4	19.49	1.91
14	22.2	22.06	0.14	44	19.2	18.83	0.37
15	18.4	18.77	− 0.37	45	19.9	20.10	− 0.20
16	21.5	21.23	0.27	46	20.2	19.95	0.25
17	18.8	18.85	− 0.05	47	18.8	20.01	− 1.21
18	21.5	20.75	0.75	48	17.5	20.68	− 3.18
19	18.1	18.86	− 0.76	49	23.6	21.48	2.12
20	22.6	21.50	1.10	50	18.3	17.38	0.92
21	17.3	18.06	− 0.76	51	19.2	21.22	− 2.02
22	21.7	21.69	0.01	52	19.0	20.7	− 1.70
23	18.9	18.77	0.13	53	20.5	20.99	− 0.49
24	21.3	20.85	0.45	54	19.5	19.45	0.05
25	18.6	19.18	− 0.58	55	21.2	20.10	1.10
26	20.7	20.99	− 0.29	56	16.6	19.26	− 2.66
27	19.5	19.41	0.09	57	23.1	22.83	0.27
28	20.2	20.21	− 0.01	58	16.6	18.06	− 1.46
29	21.8	20.02	1.78	59	23.4	22.39	1.01
30	18.4	18.74	− 0.34	60	24.0	17.89	6.11

つまり，回帰式の残差が
自己回帰モデルのようになっています

この残差の自己相関係数とコレログラムは，次のようになります．

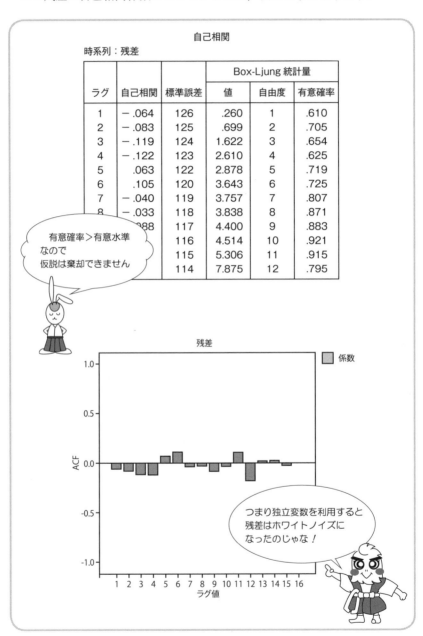

自己相関

時系列：残差

ラグ	自己相関	標準誤差	Box-Ljung 統計量 値	自由度	有意確率
1	− .064	126	.260	1	.610
2	− .083	125	.699	2	.705
3	− .119	124	1.622	3	.654
4	− .122	123	2.610	4	.625
5	.063	122	2.878	5	.719
6	.105	120	3.643	6	.725
7	− .040	119	3.757	7	.807
8	− .033	118	3.838	8	.871
	.088	117	4.400	9	.883
		116	4.514	10	.921
		115	5.306	11	.915
		114	7.875	12	.795

有意確率＞有意水準
なので
仮説は棄却できません

残差

係数

つまり独立変数を利用すると
残差はホワイトノイズに
なったのじゃな！

■ 予測値の計算

時点 60 の予測値は，次のように計算することができます.

モデル式から

$$y(t) = -0.451 + 0.204 \times x(t) + r(t) \qquad \cdots\cdots ①$$

1 期先の予測値は

$$\hat{y}(t,1) = -0.451 + 0.204 \times x(t+1) \ + \hat{r}(t,1) \qquad \cdots\cdots ②$$

$$\hat{r}(t,1) = -0.705 \times r(t) + \boxed{0} \qquad \cdots\cdots ③$$

そこで，①と③を②に代入すると

$$\hat{y}(t,1) - (-0.451 + 0.204 \times x(t+1))$$
$$= -0.705 \times \{y(t) - (-0.451 + 0.204 \times x(t))\}$$

ここで，$t = 59$ のときの値　　　　　　　　　　　☞表 13.1
$$y(t) = 23.4 \qquad x(t+1) = 101.5 \qquad x(t) = 100.1$$
を代入すると

$$\hat{y}(t,1) - (-0.451 + 0.204 \times \boxed{101.5})$$
$$= -0.705 \times \{\boxed{23.4} - (-0.451 + 0.204 \times \boxed{100.1})\}$$

したがって，時点 59 の 1 期先の予測値 $\hat{y}(t,1)$ は
$$\hat{y}(t,1) = 17.89$$
となります.

単回帰式を
利用したときの
予測値は

$$Y = 21.30$$

自己回帰モデルを
利用したときの
1 期先の予測値は

$$\hat{y}(59,1) = 17.89$$

14章 曲線の当てはめによる 明日の予測

時系列分析の目的のひとつは

"明日の値を予測する"

という点にあります.

たとえば，次のような時系列データの場合は，直線を当てはめると
明日の値を予測できそうです.

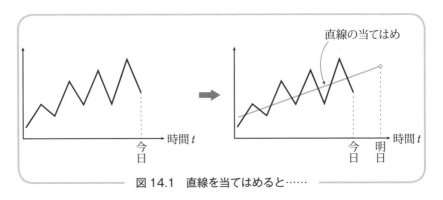

図 14.1 直線を当てはめると……

このように，明日の値を予測する方法としては

● 直線や曲線を当てはめる

● 指数平滑化をする

● ARIMA (p, d, q) モデルを作る

などがあります.

定常時系列には
ARMA モデル
です

ここでは，曲線による当てはめについて考えてみましょう．

曲線の当てはめには，次の3通りの方法があります．

　　　　その1．　最小2乗法による方法

　　　　その2．　フーリエ級数による方法

　　　　その3．　スプライン関数による方法

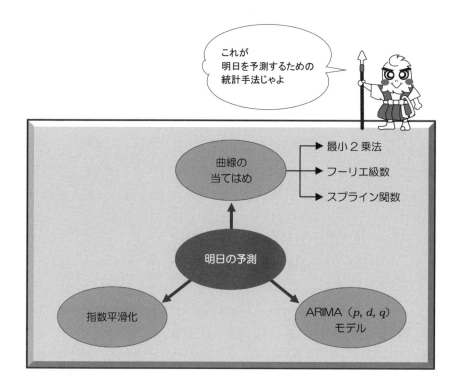

Section 14.1 　最小2乗法による曲線の当てはめ

　次の7つの点をながめていると，物を投げ上げたときの軌跡を連想します．

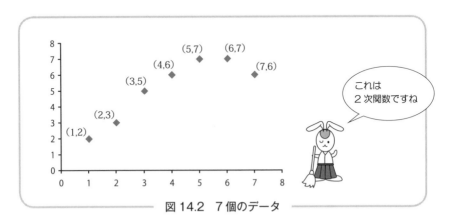

図14.2　7個のデータ

　そこで，放物線

$$Y = a + b \times x + c \times x^2$$

を当てはめてみましょう．

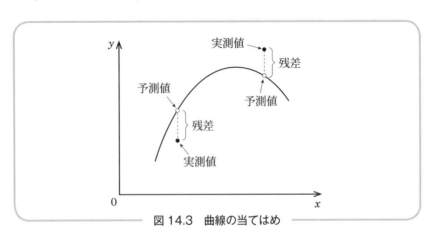

図14.3　曲線の当てはめ

このとき，残差を

$$残差 = 実測値 - 予測値$$

のように定義し，各点の残差の平方和

$$(残差)^2 + (残差)^2 + \cdots + (残差)^2$$

を最小にする定数項 a と，係数 b, c を求めます．

残差のことを
"誤差"
ともいうのじゃよ

この方法を最小2乗法といいます．

図 14.2 の場合，放物線の式は

$$y = -0.8571 + 2.6905 \times x - 0.2381 \times x^2$$

となります．

この放物線のグラフを Excel を利用して描いてみると

次のようになります．

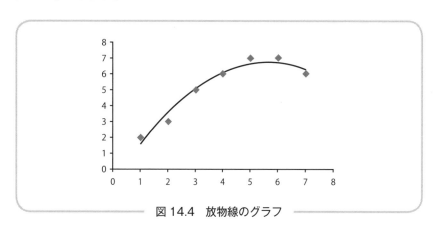

図 14.4　放物線のグラフ

Key Word　残差：residual　　最小2乗法：least-squares method

■ いろいろな曲線のモデル

当てはめる曲線のモデルとしては，次のような関数があります．

●いろいろな曲線のモデル●

直　　線　　$y = a + b \times x$

2次曲線　　$y = a + b \times x + c \times x^2$

3次曲線　　$y = a + b \times x + c \times x^2 + d \times x^3$

対数曲線　　$y = a + b \times \log x$

指数曲線　　$y = a \times e^{b \times x}$

ロジスティック曲線　　$y = \dfrac{L}{1 + e^{-b \times x - a}}$

この中の，ロジスティック曲線は**成長曲線**として有名です．

この他にも成長曲線として，次のような関数があります．

●成長曲線のモデル●

成長曲線　　$y = a \times b^x$

成長曲線　　$y = e^{a + b \times x}$

成長曲線　　$y = e^{a + \frac{b}{x}}$

a, b, c などの係数を
"未知パラメータ"
ともいいます

●直線のモデル

$$y = a + b \times x$$

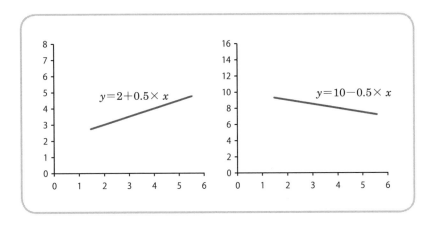

● 2次曲線のモデル

$$y = a + b \times x + c \times x^2$$

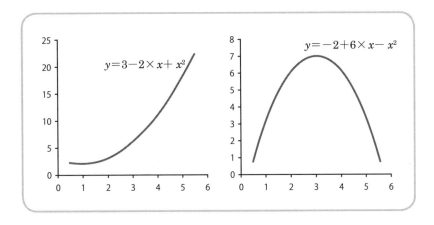

●対数曲線のモデル

$$y = a + b \times \log x$$

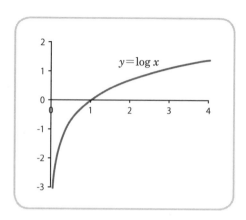

●指数曲線のモデル

$$y = a \times e^{b \times x}$$

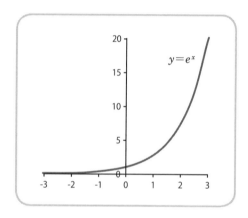

● ロジスティック曲線のモデル

$$y = \frac{L}{1 + e^{-b \times x - a}}$$

L は上限の
値です

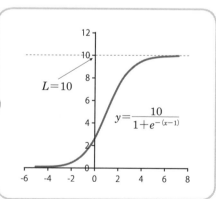

●成長曲線のモデル

$$y = a \times b^x$$

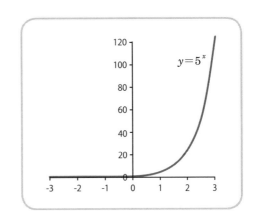

● 成長曲線のモデル

$$y = e^{a + b \times x}$$

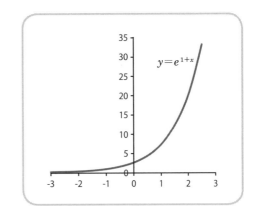

● 成長曲線のモデル

$$y = e^{a + \frac{b}{x}}$$

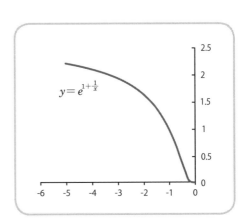

　フーリエ級数とは，次の三角関数の式

$$y = \frac{A_0}{2} + \sum_{n=1}^{\infty} \left\{ A_n \times \cos(nx) + B_n \times \sin(nx) \right\}$$

のことで，**フーリエ係数**

$$A_0, \ A_n, \ B_n \qquad (n = 1, 2, \cdots)$$

を決めることにより，いろいろな曲線のグラフを表現することができます.

　区間 $[a, b]$ 上で，データが $2m+1$ 個与えられている場合は，次の式

$$y = \frac{A_0}{2} + \sum_{n=1}^{m} \left\{ A_n \times \cos\left(\frac{2n\pi}{b-a}x\right) + B_n \times \sin\left(\frac{2n\pi}{b-a}x\right) \right\}$$

で近似するので，$2m+1$ 個のフーリエ係数

$$A_0, \ A_n, \ B_n \qquad (n = 1, 2, \cdots, m)$$

を求めることになります.

　次のデータで考えてみましょう.

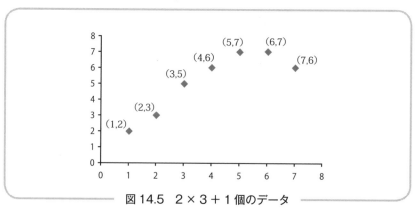

図 14.5　$2 \times 3 + 1$ 個のデータ

図 14.5 の x の範囲は $1 \leqq x \leqq 7$ ですが，区間は

$$[0 \quad 8]$$

のように少し広くとり

$$a = 0 \qquad b = 8$$

とします．データは 7 個なので

$$2m + 1 = 7 \qquad m = 3$$

となります．

次の式

区間は少し広くとる
ことがポイント

$$y = \frac{A_0}{2} + \sum_{n=1}^{m} \left\{ A_n \times \cos\left(\frac{2n\pi}{8-0}x\right) + B_n \times \sin\left(\frac{2n\pi}{8-0}x\right) \right\}$$

に 7 個の座標の点 (x, y) をそれぞれ代入すると，次のようになります．

座標の点 　　　　　　　　　　　フーリエ係数の連立 1 次方程式

$(1, 2)$ ⇒ $\quad 2 = \dfrac{A_0}{2} + \displaystyle\sum_{n=1}^{3} \left\{ A_n \times \cos\left(\dfrac{2n\pi}{8} \times 1\right) + B_n \times \sin\left(\dfrac{2n\pi}{8} \times 1\right) \right\}$

$(2, 3)$ ⇒ $\quad 3 = \dfrac{A_0}{2} + \displaystyle\sum_{n=1}^{3} \left\{ A_n \times \cos\left(\dfrac{2n\pi}{8} \times 2\right) + B_n \times \sin\left(\dfrac{2n\pi}{8} \times 2\right) \right\}$

$(3, 5)$ ⇒ $\quad 5 = \dfrac{A_0}{2} + \displaystyle\sum_{n=1}^{3} \left\{ A_n \times \cos\left(\dfrac{2n\pi}{8} \times 3\right) + B_n \times \sin\left(\dfrac{2n\pi}{8} \times 3\right) \right\}$

$(4, 6)$ ⇒ $\quad 6 = \dfrac{A_0}{2} + \displaystyle\sum_{n=1}^{3} \left\{ A_n \times \cos\left(\dfrac{2n\pi}{8} \times 4\right) + B_n \times \sin\left(\dfrac{2n\pi}{8} \times 4\right) \right\}$

$(5, 7)$ ⇒ $\quad 7 = \dfrac{A_0}{2} + \displaystyle\sum_{n=1}^{3} \left\{ A_n \times \cos\left(\dfrac{2n\pi}{8} \times 5\right) + B_n \times \sin\left(\dfrac{2n\pi}{8} \times 5\right) \right\}$

$(6, 7)$ ⇒ $\quad 7 = \dfrac{A_0}{2} + \displaystyle\sum_{n=1}^{3} \left\{ A_n \times \cos\left(\dfrac{2n\pi}{8} \times 6\right) + B_n \times \sin\left(\dfrac{2n\pi}{8} \times 6\right) \right\}$

$(7, 6)$ ⇒ $\quad 6 = \dfrac{A_0}{2} + \displaystyle\sum_{n=1}^{3} \left\{ A_n \times \cos\left(\dfrac{2n\pi}{8} \times 7\right) + B_n \times \sin\left(\dfrac{2n\pi}{8} \times 7\right) \right\}$

Key Word　フーリエ級数：Fourier series

この連立 1 次方程式を解くと，フーリエ係数は

$$
\begin{bmatrix} A_0 \\ A_1 \\ B_1 \\ A_2 \\ B_2 \\ A_3 \\ B_3 \end{bmatrix} = \begin{bmatrix} 10.000 \\ -1.207 \\ -2.061 \\ 0.000 \\ -0.500 \\ 0.207 \\ -0.061 \end{bmatrix}
$$

解き方は
p.198 へ

となります.

これらのフーリエ係数を，フーリエ級数の式に代入すれば

$$
\begin{aligned}
y = \frac{10.000}{2} &- 1.207 \times \cos\left(\frac{2\pi}{8} \times x\right) - 2.061 \times \sin\left(\frac{2\pi}{8} \times x\right) \\
&+ 0.000 \times \cos\left(\frac{4\pi}{8} \times x\right) - 0.500 \times \sin\left(\frac{4\pi}{8} \times x\right) \\
&+ 0.207 \times \cos\left(\frac{6\pi}{8} \times x\right) - 0.061 \times \sin\left(\frac{6\pi}{8} \times x\right)
\end{aligned}
$$

という長い式が得られます.

フーリエ級数は
長～い式で
ござるなあ

この長い式のグラフは，次のようになります．

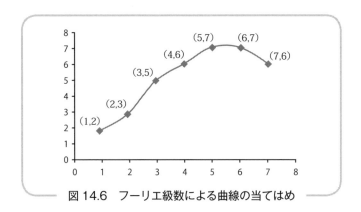

図 14.6　フーリエ級数による曲線の当てはめ

■ Excel を使ったフーリエ係数の求め方

フーリエ係数 A_0, A_n, B_n は，次のようにして求めることができます．

$$2 = \frac{A_0}{2} + A_1 \times \cos\left(\frac{2\pi}{8} \times 1\right) + B_1 \times \sin\left(\frac{2\pi}{8} \times 1\right) + A_2 \times \cos\left(\frac{4\pi}{8} \times 1\right)$$
$$+ B_2 \times \sin\left(\frac{4\pi}{8} \times 1\right) + A_3 \times \cos\left(\frac{6\pi}{8} \times 1\right) + B_3 \times \sin\left(\frac{6\pi}{8} \times 1\right)$$

$$3 = \frac{A_0}{2} + A_1 \times \cos\left(\frac{2\pi}{8} \times 2\right) + B_1 \times \sin\left(\frac{2\pi}{8} \times 2\right) + A_2 \times \cos\left(\frac{4\pi}{8} \times 2\right)$$
$$+ B_2 \times \sin\left(\frac{4\pi}{8} \times 2\right) + A_3 \times \cos\left(\frac{6\pi}{8} \times 2\right) + B_3 \times \sin\left(\frac{6\pi}{8} \times 2\right)$$

$$5 = \frac{A_0}{2} + A_1 \times \cos\left(\frac{2\pi}{8} \times 3\right) + B_1 \times \sin\left(\frac{2\pi}{8} \times 3\right) + A_2 \times \cos\left(\frac{4\pi}{8} \times 3\right)$$
$$+ B_2 \times \sin\left(\frac{4\pi}{8} \times 3\right) + A_3 \times \cos\left(\frac{6\pi}{8} \times 3\right) + B_3 \times \sin\left(\frac{6\pi}{8} \times 3\right)$$

$$6 = \frac{A_0}{2} + A_1 \times \cos\left(\frac{2\pi}{8} \times 4\right) + B_1 \times \sin\left(\frac{2\pi}{8} \times 4\right) + A_2 \times \cos\left(\frac{4\pi}{8} \times 4\right)$$
$$+ B_2 \times \sin\left(\frac{4\pi}{8} \times 4\right) + A_3 \times \cos\left(\frac{6\pi}{8} \times 4\right) + B_3 \times \sin\left(\frac{6\pi}{8} \times 4\right)$$

$$7 = \frac{A_0}{2} + A_1 \times \cos\left(\frac{2\pi}{8} \times 5\right) + B_1 \times \sin\left(\frac{2\pi}{8} \times 5\right) + A_2 \times \cos\left(\frac{4\pi}{8} \times 5\right)$$
$$+ B_2 \times \sin\left(\frac{4\pi}{8} \times 5\right) + A_3 \times \cos\left(\frac{6\pi}{8} \times 5\right) + B_3 \times \sin\left(\frac{6\pi}{8} \times 5\right)$$

$$7 = \frac{A_0}{2} + A_1 \times \cos\left(\frac{2\pi}{8} \times 6\right) + B_1 \times \sin\left(\frac{2\pi}{8} \times 6\right) + A_2 \times \cos\left(\frac{4\pi}{8} \times 6\right)$$
$$+ B_2 \times \sin\left(\frac{4\pi}{8} \times 6\right) + A_3 \times \cos\left(\frac{6\pi}{8} \times 6\right) + B_3 \times \sin\left(\frac{6\pi}{8} \times 6\right)$$

$$6 = \frac{A_0}{2} + A_1 \times \cos\left(\frac{2\pi}{8} \times 7\right) + B_1 \times \sin\left(\frac{2\pi}{8} \times 7\right) + A_2 \times \cos\left(\frac{4\pi}{8} \times 7\right)$$
$$+ B_2 \times \sin\left(\frac{4\pi}{8} \times 7\right) + A_3 \times \cos\left(\frac{6\pi}{8} \times 7\right) + B_3 \times \sin\left(\frac{6\pi}{8} \times 7\right)$$

$$
\begin{bmatrix} 2 \\ 3 \\ 5 \\ 6 \\ 7 \\ 7 \\ 6 \end{bmatrix}
=
\begin{bmatrix}
\frac{1}{2} & \cos\!\left(\frac{2\pi}{8}\times 1\right) & \sin\!\left(\frac{2\pi}{8}\times 1\right) & \cos\!\left(\frac{4\pi}{8}\times 1\right) & \sin\!\left(\frac{4\pi}{8}\times 1\right) & \cos\!\left(\frac{6\pi}{8}\times 1\right) & \sin\!\left(\frac{6\pi}{8}\times 1\right) \\
\frac{1}{2} & \cos\!\left(\frac{2\pi}{8}\times 2\right) & \sin\!\left(\frac{2\pi}{8}\times 2\right) & \cos\!\left(\frac{4\pi}{8}\times 2\right) & \sin\!\left(\frac{4\pi}{8}\times 2\right) & \cos\!\left(\frac{6\pi}{8}\times 2\right) & \sin\!\left(\frac{6\pi}{8}\times 2\right) \\
\frac{1}{2} & \cos\!\left(\frac{2\pi}{8}\times 3\right) & \sin\!\left(\frac{2\pi}{8}\times 3\right) & \cos\!\left(\frac{4\pi}{8}\times 3\right) & \sin\!\left(\frac{4\pi}{8}\times 3\right) & \cos\!\left(\frac{6\pi}{8}\times 3\right) & \sin\!\left(\frac{6\pi}{8}\times 3\right) \\
\frac{1}{2} & \cos\!\left(\frac{2\pi}{8}\times 4\right) & \sin\!\left(\frac{2\pi}{8}\times 4\right) & \cos\!\left(\frac{4\pi}{8}\times 4\right) & \sin\!\left(\frac{4\pi}{8}\times 4\right) & \cos\!\left(\frac{6\pi}{8}\times 4\right) & \sin\!\left(\frac{6\pi}{8}\times 4\right) \\
\frac{1}{2} & \cos\!\left(\frac{2\pi}{8}\times 5\right) & \sin\!\left(\frac{2\pi}{8}\times 5\right) & \cos\!\left(\frac{4\pi}{8}\times 5\right) & \sin\!\left(\frac{4\pi}{8}\times 5\right) & \cos\!\left(\frac{6\pi}{8}\times 5\right) & \sin\!\left(\frac{6\pi}{8}\times 5\right) \\
\frac{1}{2} & \cos\!\left(\frac{2\pi}{8}\times 6\right) & \sin\!\left(\frac{2\pi}{8}\times 6\right) & \cos\!\left(\frac{4\pi}{8}\times 6\right) & \sin\!\left(\frac{4\pi}{8}\times 6\right) & \cos\!\left(\frac{6\pi}{8}\times 6\right) & \sin\!\left(\frac{6\pi}{8}\times 6\right) \\
\frac{1}{2} & \cos\!\left(\frac{2\pi}{8}\times 7\right) & \sin\!\left(\frac{2\pi}{8}\times 7\right) & \cos\!\left(\frac{4\pi}{8}\times 7\right) & \sin\!\left(\frac{4\pi}{8}\times 7\right) & \cos\!\left(\frac{6\pi}{8}\times 7\right) & \sin\!\left(\frac{6\pi}{8}\times 7\right)
\end{bmatrix}
\cdot
\begin{bmatrix} A_0 \\ A_1 \\ B_1 \\ A_2 \\ B_2 \\ A_3 \\ B_3 \end{bmatrix}
$$

7×7 の係数行列

・は
行列のかけ算です

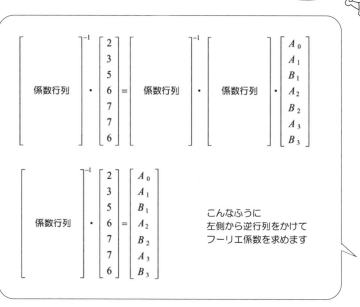

$$
\begin{bmatrix} \text{係数行列} \end{bmatrix}^{-1}
\cdot
\begin{bmatrix} 2 \\ 3 \\ 5 \\ 6 \\ 7 \\ 7 \\ 6 \end{bmatrix}
=
\begin{bmatrix} \text{係数行列} \end{bmatrix}^{-1}
\cdot
\begin{bmatrix} \text{係数行列} \end{bmatrix}
\cdot
\begin{bmatrix} A_0 \\ A_1 \\ B_1 \\ A_2 \\ B_2 \\ A_3 \\ B_3 \end{bmatrix}
$$

$$
\begin{bmatrix} \text{係数行列} \end{bmatrix}^{-1}
\cdot
\begin{bmatrix} 2 \\ 3 \\ 5 \\ 6 \\ 7 \\ 7 \\ 6 \end{bmatrix}
=
\begin{bmatrix} A_0 \\ A_1 \\ B_1 \\ A_2 \\ B_2 \\ A_3 \\ B_3 \end{bmatrix}
$$

こんなふうに
左側から逆行列をかけて
フーリエ係数を求めます

手順2 この係数行列を Excel に入力すると，次のような値になります．

	A	B	C	D	E	F	G	H	I
1	X	Y	A0	A1	B1	A2	B2	A3	B3
2	1	2	0.5	0.707	0.707	0.000	1.000	−0.707	0.707
3	2	3	0.5	0.000	1.000	−1.000	0.000	0.000	−1.000
4	3	5	0.5	−0.707	0.707	0.000	−1.000	0.707	0.707
5	4	6	0.5	−1.000	0.000	1.000	0.000	−1.000	0.000
6	5	7	0.5	−0.707	−0.707	0.000	1.000	0.707	−0.707
7	6	7	0.5	0.000	−1.000	−1.000	0.000	0.000	1.000
8	7	6	0.5	0.707	−0.707	0.000	−1.000	−0.707	−0.707
9									
10									
11									

手順3 次に，この係数行列の逆行列を計算します．

	A	B	C	D	E	F	G	H	I
1	X	Y	A0	A1	B1	A2	B2	A3	B3
2	1	2	0.5	0.707	0.707	0.000	1.000	−0.707	0.707
3	2	3	0.5	0.000	1.000	−1.000	0.000	0.000	−1.000
4	3	5	0.5	−0.707	0.707	0.000	−1.000	0.707	0.707
5	4	6	0.5	−1.000	0.000	1.000	0.000	−1.000	0.000
6	5	7	0.5	−0.707	−0.707	0.000	1.000	0.707	−0.707
7	6	7	0.5	0.000	−1.000	−1.000	0.000	0.000	1.000
8	7	6	0.5	0.707	−0.707	0.000	−1.000	−0.707	−0.707
9									
10									
11									
12									
13			0.500	0.000	0.500	0.000	0.500	0.000	0.500
14			0.427	−0.250	0.073	−0.500	0.073	−0.250	0.427
15			0.177	0.250	0.177	0.000	−0.177	−0.250	−0.177
16			0.250	−0.500	0.250	0.000	0.250	−0.500	0.250
17			0.250	0.000	−0.250	0.000	0.250	0.000	−0.250
18			0.073	−0.250	0.427	−0.500	0.427	−0.250	0.073
19			0.177	−0.250	0.177	0.000	−0.177	0.250	−0.177
20									
21									
22									
23									

Excel 関数の MINVERSE を使って逆行列を求めました

手順4 最後に，逆行列と y の行列とのかけ算をします．

$$
\begin{bmatrix} A_0 \\ A_1 \\ B_1 \\ A_2 \\ B_2 \\ A_3 \\ B_3 \end{bmatrix}
=
\begin{bmatrix}
0.500 & 0.000 & 0.500 & 0.000 & 0.500 & 0.000 & 0.500 \\
0.427 & -0.250 & 0.073 & -0.500 & 0.073 & -0.250 & 0.427 \\
0.177 & 0.250 & 0.177 & 0.000 & -0.177 & -0.250 & -0.177 \\
0.250 & -0.500 & 0.250 & 0.000 & 0.250 & -0.500 & 0.250 \\
0.250 & 0.000 & -0.250 & 0.000 & 0.250 & 0.000 & -0.250 \\
0.073 & -0.250 & 0.427 & -0.500 & 0.427 & -0.250 & 0.073 \\
0.177 & -0.250 & 0.177 & 0.000 & -0.177 & 0.250 & -0.177
\end{bmatrix}
\cdot
\begin{bmatrix} 2 \\ 3 \\ 5 \\ 6 \\ 7 \\ 7 \\ 6 \end{bmatrix}
$$

$$
=
\begin{bmatrix}
10.000 \\ -1.207 \\ -2.061 \\ 0.000 \\ -0.500 \\ 0.207 \\ -0.061
\end{bmatrix}
\qquad
\begin{bmatrix} \end{bmatrix}^{-1}
\quad 係数行列
$$

行列のかけ算を
求めるときは
Excel 関数の
MMULT を使います

[Ctrl] ＋[Shift] ＋[Enter]
の３つのキーを
同時に押すのじゃよ

Section 14.3　スプライン関数による曲線の当てはめ

スプライン関数とは

　　　　　"いくつかの多項式グラフの集まり"

のことで，次の2つの条件を満たしています．

条件1．点と点の間を多項式 $f(x)$ のグラフで結ぶ

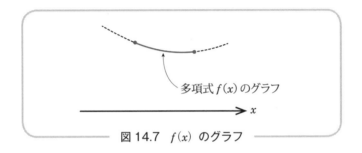

多項式 $f(x)$ のグラフ

x

図 14.7　$f(x)$ のグラフ

条件2．隣合った2つの m 次多項式のグラフ $f(x)$, $g(x)$ は
　　　　$x = p$ のところで滑らかにつながっている

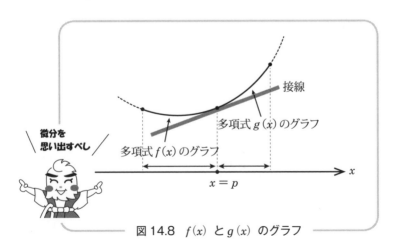

接線

多項式 $g(x)$ のグラフ

多項式 $f(x)$ のグラフ

微分を
思い出すべし

x

$x = p$

図 14.8　$f(x)$ と $g(x)$ のグラフ

"2本のグラフ $f(x)$, $g(x)$ が点 $x = p$ で滑らかにつながっている"
ということは，点 $x = p$ で2本の多項式の**高次導関数**が
互いにすべて等しいということです．

1次導関数	$f^{(1)}(p) = g^{(1)}(p)$
2次導関数	$f^{(2)}(p) = g^{(2)}(p)$
$\vdots$	$\vdots$
$m-1$次導関数	$f^{(m-1)}(p) = g^{(m-1)}(p)$

たとえば，3次の多項式で図14.2の点と点を滑らかに結んでゆくと
次のようなグラフになります．

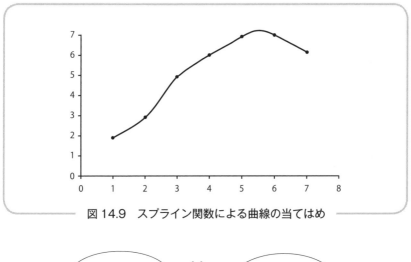

図14.9　スプライン関数による曲線の当てはめ

このような図を描くときは……

スプライン関数の統計ソフトを利用します

Key Word　スプライン関数：spline function

曲線の当てはめと予測値の求め方

　ここでは，よく使われる 3 つの曲線のモデルを取り上げます.

1．直線による当てはめ

$$y = a + b \times x$$

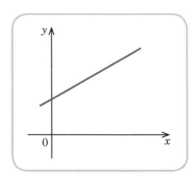

2．2 次曲線による当てはめ

$$y = a + b \times x + c \times x^2$$

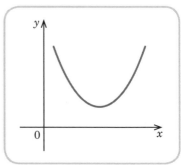

3．成長曲線による当てはめ

$$y = a \times b^x$$

これらはすべて
最小 2 乗法による
当てはめです

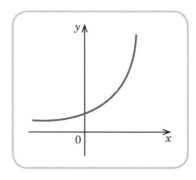

■ Excel による曲線の当てはめと予測の手順——$y = a + b \times x$ の場合

手順1 次のように入力しておきます.

	A	B	C	D	E	F	G
1	時間	時系列データ	予測値	パラメータ			
2	1	11		b			
3	2	15					
4	3	22		a			
5	4	18					
6	5	25					
7	6	32					
8	7	24					
9	8						
10							
11							
12							
13							
14							

ここの予測値
$\hat{x}(7, 1)$ を求めるで
ござるよ

手順2 次に,パラメータ a, b を計算します.

E2 のセルに　 = SLOPE（B2：B8,　A2：A8）

E4 のセルに　 = INTERCEPT（B2：B8,　A2：A8）

	A	B	C	D	E	F	G
1	時間	時系列データ	予測値	パラメータ			
2	1	11		b	2.7142857		
3	2	15					
4	3	22		a	10.142857		
5	4	18					
6	5	25					
7	6	32					
8	7	24					
9	8						
10							
11							
12							
13							
14							

SLOPE …… 傾き
INTERCEPT …… 切片

つまり
$y = 10.142 + 2.714 \times x$

手順3 時間8のときの予測値を計算します.

次のように入力します.

C9 のセルに ＝ TREND（B2：B8, A2：A8, A9）

	A	B	C	D	E	F	G
C9			fx	=TREND(B2:B8,A2:A8,A9)			
1	時間	時系列データ	予測値	パラメータ			
2	1	11		b	2.7142857		
3	2	15					
4	3	22		a	10.142857		
5	4	18					
6	5	25					
7	6	32					
8	7	24					
9	8		31.857143				
10							
11							
12							
13							
14			時点7の 1 期先の予測値				
15			$\hat{x}(7,1) = 31.857143$				
16							
17							
18							

$Y = 10.14286 + 2.714286 \times 8$
$\quad = 31.857143$

これが求める予測値です

■ Excel による曲線の当てはめと予測の手順——$y = a + b \times x + c \times x^2$ の場合

手順1 次のように入力しておきます.

	A	B	C	D	E	F	G
1	時間	時系列データ	予測値				
2	1	11					
3	2	15					
4	3	22					
5	4	18					
6	5	25					
7	6	32					
8	7	24					
9	8						
10							
11							
12							
13							
14							

手順2 メニューから［挿入］⇒［散布図］を選択して
時間と時系列データの散布図を描きます.

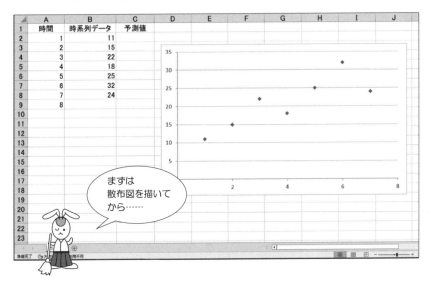

まずは
散布図を描いて
から……

手順3 ［グラフツール］の中の ［グラフのデザイン］

⇒ ［グラフ要素を追加］

⇒ ［近似曲線］⇒ ［その他の近似曲線オプション］へと進みます.

手順4 次のようにチェック，入力します.

手順5 すると，次のように2次曲線と，その数式が表示されます．

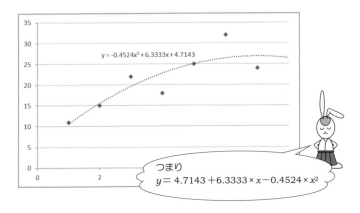

y = -0.4524x² + 6.3333x + 4.7143

つまり
$y = 4.7143 + 6.3333 \times x - 0.4524 \times x^2$

手順6 この数式を使って時間8のときの予測値を計算します．
次のように入力します．

C9 のセルに　$= -0.4524 * A9\,\hat{}\,2 + 6.3333 * A9 + 4.7143$

C9		fx	=-0.4524*A9^2+6.3333*A9+4.7143			
	A	B	C	D	E	F	G
1	時間	時系列データ	予測値				
2	1	11					
3	2	15					
4	3	22					
5	4	18					
6	5	25					
7	6	32					
8	7	24					
9	8		26.4271				
10							

これが求める
1期先の予測値です
$\hat{x}(7, 1) = 26.4271$

■ Excel による曲線の当てはめと予測の手順──$y = a \times b^x$ の場合

手順1　次のように入力しておきます.

▲	A	B	C	D	E	F	G
1	時間	時系列データ	予測値	パラメータ			
2	1	11		b			
3	2	15					
4	3	22		a			
5	4	18					
6	5	25					
7	6	32					
8	7	24					
9	8						
10							
11							
12							
13							
14							

手順2　パラメータ a, b を計算します.

　　　　E2 のセルに　＝ INDEX（LOGEST（B2：B8, A2：A8）, 1）

　　　　E4 のセルに　＝ INDEX（LOGEST（B2：B8, A2：A8）, 2）

▲	A	B	C	D	E	F	G
1	時間	時系列データ	予測値	パラメータ			
2	1	11		b	1.1528928		
3	2	15					
4	3	22		a	11.288263		
5	4	18					
6	5	25					
7	6	32					
8	7	24					
9	8						
10							
11							
12							
13			LOGEST				
14			…… 指数曲線				

つまり
$y = 11.29 \times 1.52^x$

手順3 時間8のときの予測値を計算します.

次のように入力します.

C9 のセルに　＝ E4 ＊ E2^A9

	A	B	C	D	E	F	G
1	時間	時系列データ	予測値	パラメータ			
2	1	11		b	1.1528928		
3	2	15					
4	3	22		a	11.288263		
5	4	18					
6	5	25					
7	6	32					
8	7	24					
9	8		35.232113				
10							
11							
12							
13							
14							
15							
16							
17							

求めている
1期先の予測値は……

$\hat{x}(7,1) = 35.232113$

つまり
こういう計算です

$Y = 11.28826 \times 1.152893^8$
$= 35.232113$

次の式でも計算できます
＝GROWTH(B2：B8, A2：A8, A9)
＝35.232113

Section 15.1 伝達関数とは？

統計解析用ソフト SPSS の ARIMA (p, d, q) モデルの画面は
次のようになっています.

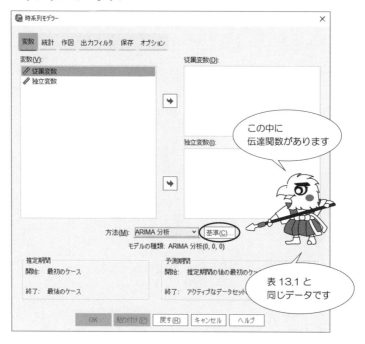

そこで，[従属変数] $y(t)$ と [独立変数] $x(t)$ を
それぞれ右のワクへ移動し，[基準(C)] を
クリックしてみると……

次のように伝達関数の画面が現れます.

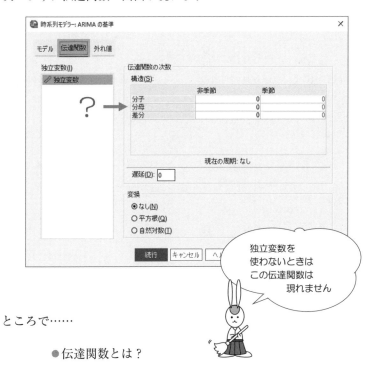

独立変数を
使わないときは
この伝達関数は
現れません

ところで……

　　　　● 伝達関数とは？

そして……

　　　　● 分子とは？
　　　　● 分母とは？

分子は
numerator
分母は
denominator
というのじゃ！

作用素の
分子と分母でござる

Key Word　伝達関数：transfer function

伝達関数の定義

ARMA (p, q) モデルの

$$分子 = n, \quad 分母 = d$$

の伝達関数を次のように定義する.

MA …… 移動平均
AR …… 自己回帰

$$y(t) = \mu + \frac{\text{Num}}{\text{Den}} x(t) + \frac{\text{MA}}{\text{AR}} u(t)$$

ただし,

$$
\begin{cases}
\text{AR} & : 1 - \varphi_1 \times B - \varphi_2 \times B^2 - \cdots - \varphi_p \times B^p \quad \leftarrow \varphi(B) \\
\text{MA} & : 1 - \theta_1 \times B - \theta_2 \times B^2 - \cdots - \theta_q \times B^q \quad \leftarrow \theta(B) \\
\text{Num} & : \omega_0 - \omega_1 \times B - \omega_2 \times B^2 - \cdots - \omega_n \times B^n \\
\text{Den} & : 1 - \delta_1 \times B - \delta_2 \times B^2 - \cdots - \delta_d \times B^d \\
\mu & : 定数項 \\
u(t) & : ホワイトノイズ \\
B & : \text{Back shift operator}
\end{cases}
$$

したがって，伝達関数は

$$y(t) = \mu + \frac{\omega_0 - \omega_1 \times B - \cdots - \omega_n \times B^n}{1 - \delta_1 \times B - \cdots - \delta_d \times B^d} x(t) + \frac{1 - \theta_1 \times B - \cdots - \theta_q \times B^q}{1 - \varphi_1 \times B - \cdots - \varphi_p \times B^p} u(t)$$

となります.

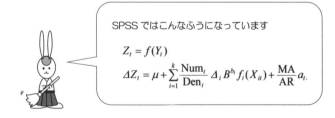

SPSS ではこんなふうになっています

$$Z_t = f(Y_t)$$

$$\Delta Z_t = \mu + \sum_{i=1}^{k} \frac{\text{Num}_i}{\text{Den}_i} \Delta_i B^{b_i} f_i(X_{it}) + \frac{\text{MA}}{\text{AR}} a_t.$$

■ **Backshift Operator** の例

その①. $B\, y\,(t) = y\,(t-1)$

$B\, x\,(t) = x\,(t-1)$

B は時点 t を
時点 $t-1$ に back する
作用素でござるよ！

その②. $(2 + 3 \times B)\; y\,(t) = 2 \times y\,(t) + 3 \times B\, y\,(t)$

$= 2 \times y\,(t) + 3 \times y\,(t-1)$

その③. $B^2\, y\,(t) = B\, y\,(t-1) = y\,(t-2)$

その④. $B^p\, y\,(t) = B^{p-1}\, y\,(t-1) = \cdots = y\,(t-p)$

その⑤. $\dfrac{1}{2+3\times B}\, y\,(t) = x\,(t)$

$\Rightarrow y\,(t) = (2 + 3 \times B)\, x\,(t)$

$\Rightarrow y\,(t) = 2 + x\,(t) + 3 \times x\,(t-1)$

たとえば，伝達関数で

$$\text{ARMA}(p, q) \text{ モデル, 分子} = n, \text{ 分母} = d$$
$$\Downarrow$$
$$\text{ARMA}(1, 0) \text{ モデル, 分子} = 1, \text{ 分母} = 1$$

と指定した場合

$$p = 1, \quad q = 0, \quad n = 1, \quad d = 1$$

となるので，

● AR $= 1 - \varphi_1 \times B$

● MA $= 1$

● Num $= \omega_0 - \omega_1 \times B$

● Den $= 1 - \delta_1 \times B$

したがって，
伝達関数の式は，次のようになります．

$$y(t) = \mu + \frac{\omega_0 - \omega_1 \times B}{1 - \delta_1 \times B} x(t) + \frac{1}{1 - \varphi_1 \times B} u(t)$$

この式は，次のように変形できます．

$$y(t) - \mu - \frac{\omega_0 - \omega_1 \times B}{1 - \delta_1 \times B}\, x(t) = \frac{1}{1 - \varphi_1 \times B}\, u(t)$$

$$(1 - \varphi_1 \times B)\left(y(t) - \mu - \frac{\omega_0 - \omega_1 \times B}{1 - \delta_1 \times B}\, x(t)\right) = u(t)$$

$$(1 - \varphi_1 \times B)\left\{(1 - \delta_1 \times B)(y(t) - \mu) - (\omega_0 - \omega_1 \times B)\, x(t)\right\}$$
$$= (1 - \delta_1 \times B)\, u(t)$$

$$(1 - \delta_1 \times B)(y(t) - \mu) - (\omega_0 - \omega_1 \times B)\, x(t)$$
$$- \varphi_1 \times \left\{(1 - \delta_1 \times B)(y(t-1) - \mu) - (\omega_0 - \omega_1 \times B)\, x(t-1)\right\}$$
$$= u(t) - \delta_1 \times u(t-1)$$

$$y(t) - \mu - \delta_1 \times (y(t-1) - \mu) - \omega_0 \times x(t) + \omega_1 \times x(t-1)$$
$$- \varphi_1 \times \left\{y(t-1) - \mu - \delta_1 \times (y(t-2) - \mu) - \omega_0 \times x(t-1) + \omega_1 \times x(t-2)\right\}$$
$$= u(t) - \delta_1 \times u(t-1)$$

この式を使えば
予測値が
計算できます

なんとっ！
ややこしや〜

変形しなければ
よかったかのう…

例1　次の条件のもとで，伝達関数を求めてみましょう．

条件 1.1　ARIMA

	非季節	季節
自己回帰（p）	0	0
差分（d）	0	0
移動平均（q）	0	0

$p=0$
$d=0$
$q=0$

条件 1.2　伝達関数

	非季節	季節
分子	0	0
分母	0	0
差分	0	0

分子＝0
分母＝0

このときの計算結果は，次のようになります．

モデルの説明

	モデルの種類
モデル ID　従属変数　モデル＿ 1	ARIMA（0, 0, 0）

ARIMA モデルパラメータ

	推定値	SE	t	有意確率
従属変数　変換なし　定数	− 61.217	24.362	− 2.513	.015
独立変数　変換なし　分子　ラグ 0	.813	.244	3.333	.001

この計算結果の中の

独立変数　　　分子　　　ラグ 0　　　0.813

は，何を表現しているのでしょうか？

そこで，次のように回帰分析をしてみると……

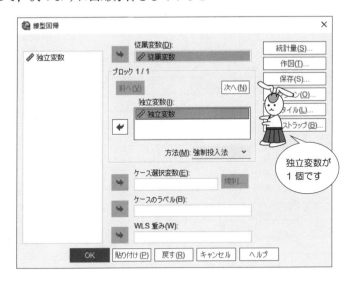

この計算結果は，次のようになります．

係数

モデル	標準化されてない係数		標準化係数	t 値	有意確率
	B	標準誤差	ベータ		
1　　（定数）	− 61.217	24.362		− 2.513	015
独立変数	.813	.244	.401	3.333	.001

したがって，この条件の場合，伝達関数の分子ラグ 0 は
単回帰式の回帰係数に一致していることがわかります．

$$\begin{array}{cccc} \text{従属変数} & \text{定数項} & \text{回帰係数} & \text{独立変数} \\ Y & = -61.217 + & 0.813 & \times \quad x \end{array}$$

ところで，このときの伝達関数は，次のように表現されます．

$$y(t) = -61.217 + \frac{0.813}{1} \times x(t) + \frac{1}{1} \times u(t)$$

例2 次の条件のもとで伝達関数を求めてみましょう.

条件 2.1　ARIMA

	非季節	季節
自己回帰（p）	0	0
差分（d）	0	0
移動平均（q）	0	0

$p=0$
$d=0$
$q=0$

条件 1.2　伝達関数

	非季節	季節
分子	1	0
分母	0	0
差分	0	0

分子=1
分母=0

このときの計算結果は，次のようになります.

モデルの説明

	モデルの種類
モデルID　従属変数　モデル__1	ARIMA（0, 0, 0）

ARIMA モデルパラメータ

				推定値	SE	t	有意確率
従属変数	変換なし	定数		16.593	37.159	.447	.657
独立変数	変換なし	分子	ラグ0	.716	.242	2.958	.005
			ラグ1	.683	.241	2.828	.006

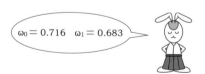

$\omega_0 = 0.716$　$\omega_1 = 0.683$

このときの伝達関数は，次のように表現されます．

$$y(t) = 16.593 + \frac{0.716 - 0.683 \times B}{1} \, x(t) + \frac{1}{1} \, u(t)$$

この式を変形すると

$$y(t) - 16.593 - (0.716 \times x(t) - 0.683 \times B \, x(t)) = u(t)$$
$$y(t) - 16.593 - \; 0.716 \times x(t) + 0.683 \times x(t-1) = u(t)$$

のようになります．

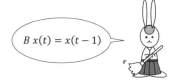

$$B \, x(t) = x(t-1)$$

■ 予測値の計算

時点 60 の予測値 $\hat{y}(59, 1)$ は，次のように計算します．

$$\hat{y}(t, 1) \quad - 16.593 - 0.716 \times x(t+1) + 0.683 \times x(t) = \hat{u}(t, 1)$$
$$\hat{y}(59, 1) - 16.593 - 0.716 \times \boxed{101.5} + 0.683 \times \boxed{100.1} = \boxed{0}$$

したがって

$$\hat{y}(59, 1) \; = 20.96$$

となります．

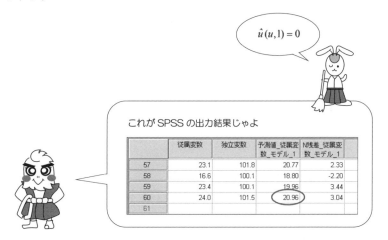

$$\hat{u}(u, 1) = 0$$

これが SPSS の出力結果じゃよ

	従属変数	独立変数	予測値_従属変数_モデル_1	N残差_従属変数_モデル_1
57	23.1	101.8	20.77	2.33
58	16.6	100.1	18.80	-2.20
59	23.4	100.1	19.96	3.44
60	24.0	101.5	20.96	3.04
61				

例3 次の条件のもとで伝達関数を求めてみましょう.

条件 3.1　ARIMA

構造：

	非季節	季節
自己回帰（p）	0	0
差分（d）	0	0
移動平均（q）	0	0

$p=0$
$d=0$
$q=0$

条件 3.2　伝達関数

構造：

	非季節	季節
分子	1	0
分母	1	0
差分	0	0

分子＝1
分母＝1

このときの計算結果は，次のようになります.

モデルの説明

	モデルの種類
モデル ID　従属変数　モデル＿ 1	ARIMA（0, 0, 0）

ARIMA モデルパラメータ

				推定値	SE	t	有意確率
従属変数	変換なし	定数		4.249	35.512	.120	.905
独立変数	変換なし	分子	ラグ 0	.656	.242	2.714	.009
			ラグ 1	.441	.383	1.151	.255
		分母	ラグ 1	− .369	.264	− 1.395	.169

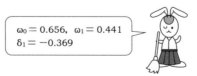

$\omega_0 = 0.656,\ \omega_1 = 0.441$
$\delta_1 = -0.369$

このときの伝達関数は，次のように表現されます．

$$y(t) = 4.249 + \frac{0.656 - 0.441 \times B}{1 - (-0.369) \times B}\, x(t) + \frac{1}{1}\, u(t)$$

この式を変形すると

$$(1 + 0.369 \times B) \times (y(t) - 4.249) - (0.656 - 0.441 \times B)\, x(t)$$
$$= (1 + 0.369 \times B)\, u(t)$$

$$y(t) - 4.249 + 0.369 \times (y(t-1) - 4.249) - 0.656 \times x(t) + 0.441 \times x(t-1)$$
$$= u(t) + 0.369 \times u(t-1)$$

のようになります．

■ 予測値の計算

時点 60 の予測値 $\hat{y}(59,1)$ は，次のように計算します．

$$\hat{y}(t,1) - 4.249 + 0.369 \times (y(t) - 4.249) - 0.656 \times x(t+1) + 0.441 \times x(t)$$
$$= \hat{u}(t,1) + 0.369 \times u(t)$$

$$\hat{y}(59,1) - 4.249 + 0.369 \times (\boxed{23.4} - 4.249) - 0.656 \times \boxed{101.5} + 0.441 \times \boxed{100.1}$$
$$= \boxed{0} + 0.369 \times \boxed{3.01}$$

したがって

$$\hat{y}(59,1) = 20.77$$

となります．

これが SPSS の出力結果です

	従属変数	独立変数	予測値_従属変数_モデル_1	N残差_従属変数_モデル_1
57	23.1	101.8	20.84	2.26
58	16.6	100.1	18.93	-2.33
59	23.4	100.1	20.39	3.01
60	24.0	101.5	20.77	3.23
61				

例4 次の条件のもとで伝達関数を求めてみましょう.

条件 4.1　ARIMA

構造：

	非季節	季節
自己回帰（p）	1	0
差分（d）	0	0
移動平均（q）	0	0

$p=1$
$d=0$
$q=0$

条件 4.2　伝達関数

構造：

	非季節	季節
分子	0	0
分母	0	0
差分	0	0

分子＝0
分母＝0

このときの計算結果は，次のようになります.

モデルの説明

	モデルの種類
モデル ID　従属変数　モデル＿ 1	ARIMA（1，0，0）

ARIMA モデルパラメータ

				推定値	SE	t	有意確率
従属変数	変換なし	定数		− .451	17.012	− .027	.979
		AR	ラグ 1	− .705	.099	− 7.140	.000
独立変数	変換なし	分子	ラグ 0	.204	.170	1.200	.235

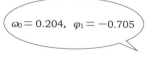

$\omega_0 = 0.204,\ \varphi_1 = -0.705$

このときの伝達関数は，次のように表現されます．

$$y(t) = -0.451 + \frac{0.204}{1} \times x(t) + \frac{1}{1-(-0.705) \times B} u(t)$$

この式を変形すると

$$y(t) + 0.451 - 0.204 \times x(t) = \frac{1}{1+0.705 \times B} u(t)$$

$$(1+0.705 \times B)\{y(t) + 0.451 - 0.204 \times x(t)\} = u(t)$$

$$y(t) + 0.451 - 0.204 \times x(t) + 0.705 \times \{y(t-1) + 0.451 - 0.204 \times x(t-1)\}$$
$$= u(t)$$

のようになります．

182 ページと
比較してみて
ください

■ 予測値の計算

時点 60 の予測値 $\hat{y}(59,1)$ は，次のように計算します．

$$\hat{y}(t,1) + 0.451 - 0.204 \times x(t+1) + 0.705 \times (y(t) + 0.451 - 0.204 \times x(t))$$
$$= \hat{u}(t,1)$$

$$\hat{y}(59,1) + 0.451 - 0.204 \times \boxed{101.5} + 0.705 \times (\boxed{23.4} + 0.451 - 0.204 \times \boxed{100.1})$$
$$= \boxed{0}$$

したがって

$$\hat{y}(59,1) = 17.89$$

となります．

これが SPSS の出力結果です

	従属変数	独立変数	予測値_従属変数_モデル_1	N残差_従属変数_モデル_1
57	23.1	101.8	22.83	.27
58	16.6	100.1	18.06	-1.46
59	23.4	100.1	22.39	1.01
60	24.0	101.5	17.89	6.11
61				

例5 次の条件のもとで伝達関数を求めてみましょう.

条件 5.1　ARIMA

構造:

	非季節	季節
自己回帰（p）	1	0
差分（d）	0	0
移動平均（q）	0	0

$p=1$
$d=0$
$q=0$

条件 5.2　伝達関数

構造:

	非季節	季節
分子	1	0
分母	0	0
差分	0	0

分子=1
分母=0

このときの計算結果は, 次のようになります.

モデルの説明

	モデルの種類
モデルID　従属変数　モデル_1	ARIMA（1, 0, 0）

ARIMA モデルパラメータ

				推定値	SE	t	有意確率
従属変数	変換なし	定数		18.381	21.656	.849	.400
		ラグ 1		− .667	.106	− 6.272	.000
独立変数	変換なし	分子	ラグ 0	.342	.201	1.704	.094
			ラグ 1	.326	.190	1.714	.092

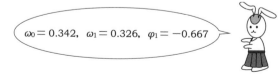

$\omega_0 = 0.342, \quad \omega_1 = 0.326, \quad \varphi_1 = -0.667$

このときの伝達関数は，次のように表現されます．

$$y\,(t) = 18.381 + \frac{0.342 - 0.326 \times B}{1}\,x\,(t) + \frac{1}{1-(-0.667) \times B}\,u\,(t)$$

この式を変形すると

$$y\,(t) - 18.381 - (0.342 - 0.326 \times B)\,x\,(t) = \frac{1}{1 + 0.667 \times B}\,u\,(t)$$

$$(1 + 0.667 \times B)\,\{y\,(t) - 18.381 - (0.342 - 0.326 \times B)\,x\,(t)\} \qquad = u\,(t)$$

$$(1 + 0.667 \times B) \times \{y\,(t) - 18.381 - 0.342 \times x\,(t) + 0.326 \times x\,(t-1)\} = u\,(t)$$

$$y\,(t) - 18.381 - 0.342 \times x\,(t) + 0.326 \times x\,(t-1)$$
$$+ 0.667 \times \{y\,(t-1) - 18.381 - 0.342 \times x\,(t-1) + 0.326 \times x\,(t-2)\} = u\,(t)$$

のようになります．

■ 予測値の計算

時点 60 の予測値 $\hat{y}\,(59, 1)$ は，次のように計算します．

$$\hat{y}\,(59, 1) - 18.381 - 0.342 \times \boxed{101.5} + 0.326 \times \boxed{100.1}$$
$$+ 0.667 \times (\boxed{23.4} - 18.381 - 0.342 \times \boxed{100.1} + 0.326 \times \boxed{100.1}\,) = \boxed{0}$$

したがって

$$\hat{y}\,(59, 1) = 18.13$$

となります．

SPSS の出力結果はこうなります

	従属変数	独立変数	予測値_従属変数_モデル_1	N残差_従属変数_モデル_1
57	23.1	101.8	22.74	.36
58	16.6	100.1	17.56	-.96
59	23.4	100.1	21.82	1.58
60	24.0	101.5	18.13	5.87
61				

例6 次の条件のもとで伝達関数を求めてみましょう.

条件 6.1 ARIMA

構造:

	非季節	季節
自己回帰（p）	1	0
差分（d）	0	0
移動平均（q）	0	0

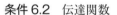

$p=1$
$d=0$
$q=0$

条件 6.2 伝達関数

構造:

	非季節	季節
分子	1	0
分母	1	0
差分	0	0

分子=1
分母=1

このときの計算結果は，次のようになります.

モデルの説明

	モデルの種類
モデル ID　従属変数　モデル_ 1	ARIMA（1, 0, 0）

ARIMA モデルパラメータ

				推定値	SE	t	有意確率
従属変数	変換なし	定数		14.625	20.093	.728	.470
		AR	ラグ 1	− .655	.11	− 5.885	.000
独立変数	変換なし	分子	ラグ 0	.445	.200	2.229	.030
			ラグ 1	.364	.233	1.561	.124
		分母	ラグ 1	− .527	.261	− 2.018	.049

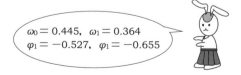

$\omega_0 = 0.445, \quad \omega_1 = 0.364$
$\varphi_1 = -0.527, \quad \varphi_1 = -0.655$

このときの伝達関数は，次のように表現されます．

$$y(t) = 14.625 + \frac{0.445 - 0.364 \times B}{1 - (-0.527) \times B} \, x(t) + \frac{1}{1 - (-0.655) \times B} \, u(t)$$

この式を変形すると

$$y(t) - 14.625 - \frac{0.445 - 0.364 \times B}{1 + 0.527 \times B} \, x(t) = \frac{1}{1 + 0.655 \times B} \, u(t)$$

$$(1 + 0.655 \times B) \left\{ y(t) - 14.625 - \frac{0.445 - 0.364 \times B}{1 + 0.527 \times B} \, x(t) \right\} = u(t)$$

$$(1 + 0.655 \times B) \{ (1 + 0.527 \times B) \; (y(t) - 14.625) - (0.445 - 0.364 \times B) \, x(t) \}$$
$$= (1 + 0.527 \times B) \, u(t)$$

$$(1 + 0.655 \times B) \{ y(t) - 14.625 + 0.527 \times (y(t-1) - 14.625) - 0.445 \, x(t)$$
$$+ 0.364 \times x(t-1) \} = (1 + 0.527B) \, u(t)$$

$$\{ y(t) - 14.625 + 0.527 \times (y(t-1) - 14.625) - 0.445 \times x(t) + 0.364 \times x(t-1) \}$$
$$+ 0.655 \times \{ y(t-1) - 14.625 + 0.527 \times (y(t-2) - 14.625) - 0.445 \times x(t-1)$$
$$+ 0.364 \times x(t-2) \} = u(t) + 0.527 \times u(t-1)$$

のようになります．

予測値の計算は
次のページを
見るべし

いざ
参ろうぞ

■ 予測値の計算

時点 60 の予測値 $\hat{y}(59,1)$ は，次のように計算します.

$$\{\hat{y}(t,1) - 14.625 + 0.527 \times (y(t) - 14.625) - 0.445 \times x(t+1) + 0.364 \times x(t)\}$$
$$+ \ 0.655 \times \{y(t) - 14.625 + 0.527 \times (y(t-1) - 14.625) - 0.445 \times x(t)$$
$$+ \ 0.364 \times x(t-1)\} = \hat{u}(t,1) + 0.527 \times u(t)$$

$$\{\hat{y}(59,1) - 14.625 + 0.527 \times (\boxed{23.4} - 14.625) - 0.445 \times \boxed{101.5} + 0.364 \times \boxed{100.1}\}$$
$$+ 0.655 \times \{\boxed{23.4} - 14.625 + 0.527 \times (\boxed{16.6} - 14.625) - 0.445 \times \boxed{100.1}$$
$$+ 0.364 \times \boxed{100.1}\} = \boxed{0} + 0.527 \times \boxed{1.36}$$

したがって

$$\hat{y}(59,1) = 18.40$$

となります.

これが SPSS の出力結果です

	従属変数	独立変数	予測値_従属変数_モデル_1	N残差_従属変数_モデル_1
57	23.1	101.8	22.67	.43
58	16.6	100.1	17.37	-.77
59	23.4	100.1	22.04	1.36
60	24.0	101.5	18.40	5.60
61				

■ パラメータと伝達関数の対応

ARIMA モデルパラメータ

			推定値
従属変数	定数		μ
	AR	ラグ 1	φ_1
独立変数	分子	ラグ 0	ω_0
		ラグ 1	ω_1
	分母	ラグ 1	δ_1

伝達関数

$$y(t) = \mu + \frac{\omega_0 - \omega_1 \times B}{1 - \delta_1 \times B}\, x(t) + \frac{1}{1 - \varphi_1 \times B}\, u(t)$$

伝達関数

$$y(t) = 14.625 + \frac{0.445 - 0.364 \times B}{1 - (-0.527) \times B}\, x(t) + \frac{1}{1 - (-0.655) \times B}\, u(t)$$

ARIMA モデルパラメータ

				推定値	SE	t	有意確率
従属変数	変換なし	定数		14.625	20.093	.728	.470
		AR	ラグ 1	$-.655$	.11	-5.885	.000
独立変数	変換なし	分子	ラグ 0	.445	.200	2.229	.030
			ラグ 1	.364	.233	1.561	.124
		分母	ラグ 1	$-.527$	.261	-2.018	.049

16章 はじめての時間的因果モデル

Section 16.1　時間的因果モデル

時系列データ $y(t)$ を

時間 t	1	2	3	$\cdots$	$t-2$	$t-1$	t
$y(t)$	$y(1)$	$y(2)$	$y(3)$	$\cdots$	$y(t-2)$	$y(t-1)$	$y(t)$

としたとき，自己回帰 $\mathrm{AR}(p)$ モデルは

$$y(t) = a_1 \times y(t-1) + a_2 \times y(t-2) + \cdots + a_p \times y(t-p) + u(t)$$

となります．

この式に，因果関係を表す回帰式

$$\boxed{\text{従属変数 } y} = \text{定数項} + \text{回帰係数} \times \boxed{\text{独立変数 } x}$$

を適用してみましょう．

p.142 参照

独立変数も
自己回帰モデルのように…

2つの時系列 $y(t), x(t)$

時間 t	1	2	3	$\cdots$	$t-2$	$t-1$	t
$y(t)$	$y(1)$	$y(2)$	$y(3)$	$\cdots$	$y(t-2)$	$y(t-1)$	$y(t)$
$x(t)$	$x(1)$	$x(2)$	$x(3)$	$\cdots$	$x(t-2)$	$x(t-1)$	$x(t)$

に対し,

● $y(t)$ … 従属変数（**目標変数**）
● $x(t)$ … 独立変数（**入力変数**）

のように考えると, 次のモデルを作ることができます.

$$
\begin{aligned}
y(t) = \ & a_1 \times y(t-1) + a_2 \times y(t-2) + \cdots + a_p \times y(t-p) \\
& + b_1 \times x(t-1) + b_2 \times x(t-2) + \cdots + b_p \times x(t-p) \\
& + u(t)
\end{aligned}
$$

このモデルを

時間的因果モデル　TCM（P）

といいます. 英語では

Temporal causal Model

となります.

従属変数 $y(t)$ の AR（p）モデルの式に
独立変数 $x(t)$ の AR（p）モデルの式を追加？！

Section 16.2　時間的因果モデルの利用法

■ 利用法 ―その 1―

2 つの時系列

● $y(t)$ … 従属変数（目標…target）

● $x(t)$ … 独立変数（入力…input）

において

問題 1

・時系列 $x(t)$ は時系列 $y(t)$ の

　　　　　　　予測に役立つのか？

・時系列 $x(t)$ は時系列 $y(t)$ の予測に

　　　　　　影響を与えているのか？

 このとき，時間的因果モデルを作成すると
問題解決の糸口を見つけることができます

そのカギとなる考え方が

　　　　　　　　"グレンジャー因果性"

です．

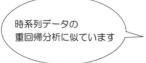

時系列データの
重回帰分析に似ています

■ 利用法 ―その2―

5つの時系列

- $y(t)$ … 従属変数
- $x_1(t)$ $x_2(t)$ $x_3(t)$ $x_4(t)$ … 独立変数

において

問題2

4つの時系列 $x_1(t)$, $x_2(t)$, $x_3(t)$, $x_4(t)$ のうち
時系列 $y(t)$ の予測に最も影響を与えているのは
どの時系列なのか？

➡ このとき，時間的因果モデルを作成すると
問題解決の糸口を見つけることができます

そのカギとなる考え方が

"グレンジャー因果性"

です.

※クライヴ・ウィリアム・ジョン・グレンジャー（Clive William John Granger,
1934〜2009）は，イギリスの経済学者，統計学者. 2003年ノーベル経済学賞受賞.

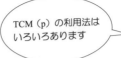

TCM（p）の利用法は
いろいろあります

■ 利用法 ―その3―

多くの時系列

● $y_1(t)$, $y_2(t)$, $\cdots$, $y_n(t)$ $\cdots$ 従属変数，独立変数
● $x_1(t)$, $x_2(t)$, $\cdots$, $x_m(t)$ $\cdots$ 独立変数

において

問題3

時系列 $y_1(t)$, $\cdots$, $y_n(t)$, $x_1(t)$, $\cdots$, $x_m(t)$ の間には
どのような時間的な関連があるのか？

 このとき，時間的因果モデルを作成すると
問題解決の糸口を見つけることができます

そのカギとなる考え方が

"グレンジャー因果性"

です.

変数が多いとき SPSS の時間的因果モデルの作成を利用すると
次のような2種類の影響図を作図することができます.

影響図

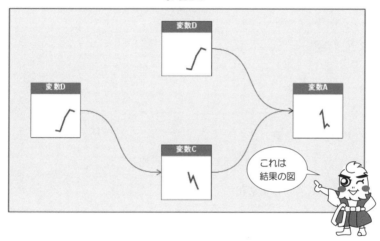

影響図

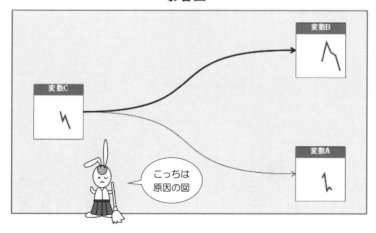

Section 16.3　グレンジャー因果性とは？

自己回帰モデル（AR(p) モデル）において
実測値と予測値を，次のように表現します．

時間 t	1	$\cdots$	p	$p+1$	$\cdots$	t
実測値	$y(1)$	$\cdots$	$y(p)$	$y(p+1)$	$\cdots$	$y(t)$
予測値				$\hat{y}(p+1)$	$\cdots$	$\hat{y}(t)$

p はラグです

この実測値と予測値の差を

$$\boxed{予測誤差} = \boxed{実測値 - 予測}$$

とすると，予測誤差の 2 乗和

$$\boxed{\mathrm{SSE(Y)}} = \boxed{\sum_{p+1}^{t} (予測誤差)^2} = \boxed{\sum_{i=p+1}^{t} (y(i) - \hat{y}(i))^2}$$

は，モデルの当てはまりを表す統計量になります．

予測誤差の 2 乗和が
小さいほど…

モデルの当てはまりが
良いのでござるな?!

次に，時間的因果モデル（TCM(p) モデル）

$$\begin{aligned} y(t) = \ & a_1 \times y(t-1) + a_2 \times y(t-2) + \cdots + a_p \times y(t-p) \\ & + b_1 \times x(t-1) + b_2 \times x(t-2) + \cdots + b_p \times x(t-p) \\ & + u(t) \end{aligned}$$

の予測誤差の2乗和を

$$\boxed{\text{SSE}(Y, X)}$$

とします．

この2つの予測誤差の2乗和 SSE(Y) と SSE(Y, X) を比較したとき

$$\boxed{\text{SSE}(Y, X) \text{ が SSE}(Y) \text{より十分小さい}}$$

ならば，

$$\boxed{\begin{aligned} & \text{AR}(p) \text{ モデルによる予測よりも} \\ & \text{TCM}(p) \text{ モデルによる予測の方が} \\ & \text{予測の精度が高い} \end{aligned}}$$

と考えるのが

"グレンジャー因果性"

です．

このグレンジャー因果性は，次の統計量

$$F = \frac{(\text{SSE}\,(Y) - \text{SSE}\,(Y, X))}{\text{SSE}\,(Y, X)} \times \frac{N - p - p^c - 1}{p}$$

ただし，N … 時系列データの個数

$\quad\quad p$ … ラグの数

$\quad\quad p^c$ … 推定するパラメータの個数

を検定統計量とする

グレンジャー因果性の検定

で調べることができます．

この仮説の検定で仮説が棄却されると

グレンジャー因果性が存在する

と表現します．

つまり，時系列 $x(t)$ を
加えた方がよい
ということでござるな！

ところで，この検定の仮説 H_0 は？

この検定の仮説は

$$\text{仮説 } H_0 : b_1 = b_2 = \cdots = b_p = 0$$

になります.

$b_1, b_2, \cdots, b_p$ は
$x(t)$ の係数です

仮説は
p.249 も参照！

この仮説 H_0 が成り立つときは

$$\text{自己回帰 } AR(p) \text{ モデル＝時間的因果モデル}$$

となるので

時系列 $x(t)$ は時系列 $y(t)$ の予測に
影響を与えない

となります.

つまり
時間的関連はない

この仮説 H_0 が棄却されると

時系列 $x(t)$ は時系列 $y(t)$ の予測に
影響を与えている

となります.

つまり
時間的関連がある

Section 16.4 グレンジャー因果性の検定

次の時系列データを使って
時間的因果モデリングをおこない

グレンジャー因果性を実感 *?!*

してみましょう.

表 16.1

時間	Y 従属	X 独立
1	21.4	8.8
2	17.2	10.4
3	21.0	6.9
4	14.2	8.6
5	21.2	10.4
6	20.4	9.2
7	18.7	7.0
8	16.4	8.7
9	18.7	11.0
10	22.1	7.8
11	15.7	8.0
12	21.2	10.5
13	15.6	7.3
14	18.9	10.5
15	17.7	8.0
16	16.8	9.8
17	23.2	11.7
18	14.9	7.2
19	24.0	9.6
20	16.0	8.4

パラメータの計算は
SPSS を使用します

次の2つの時系列モデルを取り上げます.

時間的因果モデル（TCM（1）モデル）

$$y(t) = a_1 \times y(t-1) + b_1 \times x(t-1) + u(t)$$

このとき,

- ●ラグ = 1
- ●パラメータの個数 = 2

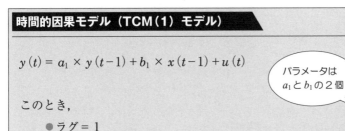

パラメータは
a_1 と b_1 の2個

計算結果は
p.244

自己回帰モデル（AR（1）モデル）

$$y(t) = a_1 \times y(t-1) + u(t)$$

このとき

- ●ラグ = 1
- ●パラメータの個数 = 1

パラメータは
a_1 の1個

計算結果は
p.245

つまり
TCM（1）モデル と
AR（1）モデル を
比較してみるのでござるな

■表16.1のデータを使って

時間的因果モデルの計算をおこなうと，

次のような結果になります．

グレンジャー因果性の検定

入力系列		F	有意確率
Y	従属	27.03	8775E-5
X	独立	5.22	.036

自由度 1 = 1，自由度 2 = 16

適合度

ターゲットのモデル		RMSE	RMSPE	AIC	BIC	R2乗
Y	従属	1.88	.09	26.80	29.64	.63

RMSE：平均2乗誤差平方根，RMSPE：2乗平均誤差率，AIC：赤池情報量基準，BIC：ベイズ情報量基準

パラメータの推定

モデル項		係数	標準誤差	t値	有意確率
定数項		28.09	3.42	8.22	< .001
Y 従属	ラグ1	− .85	.16	− 5.20	< .001
X 独立	ラグ1	.74	.32	2.28	.036

●Akaike Information Criterion

$$AIC = (m - L)ln\left(\frac{SSe}{(m - L)}\right) + 2(p^c + 1)$$

$$(m = N)$$

■ 表 16.1 のデータを使って

自己回帰モデルの計算をおこなうと,

次のような結果になります.

このF値の計算は
（実測値－平均値）の2乗和と
SSE（Y）を使います

グレンジャー因果性の検定

入力系列	F	有意確率
Y　従属	17.59	.001

自由度 1 ＝ 1，自由度 2 ＝ 17

適合度

ターゲットのモデル	RMSE	RMSPE	AIC	BIC	R2 乗
Y　従属	2.10	.11	30.17	32.06	.51

RMSE：平均2乗誤差平方根，RMSPE：2乗平均誤差率，AIC：赤池情報量基準，BIC：ベイズ情報量基準

パラメータの推定

モデル項	係数	標準誤差	t 値	有意確率
定数項	32.14	3.26	9.86	＜ .001
Y　従属　ラグ 1	－ .71	.17	－ 4.19	＜ .001

● Bayesian Information Criterion

$$BIC = (m - L)ln\left(\frac{SSe}{(m - L)}\right) + \left((p^c + 1)ln(m - L)\right)$$

$$(m = N)$$

このとき，時間的因果モデルのグレンジャー因果性の検定は
次の部分です．

入力系列		F	有意確率
Y	従属	27.03	8775E-5
X	独立	5.22	.036
自由度 1 = 1，自由度 2 = 16			

ラグ L = 1

$\boxed{\text{X 独立}}$ の有意確率のところを見ると

$$\text{有意確率} \quad 0.036 \leq \text{有意水準} 0.05$$

なので，仮説 H_0 が棄却され

$$\text{グレンジャー因果性が存在する}$$

ことがわかります．

この F 値の計算には，次の 2 つの統計量

$$\text{SSE}(Y) \quad \text{と} \quad \text{SSE}(Y, X)$$

が必要です．

SSE (Y) は
p.251 も参照

SSE (Y, X) は
p.250 も参照

p.244 の適合度を見ると

$$\bullet \ \text{SSE}\,(\text{Y}, \text{X}) = (\text{RMSE})^2 \times 自由度$$
$$= (1.88)^2 \times 16 = 56.79$$

p.245 の適合度を見ると

$$\bullet \ \text{SSE}\,(\text{Y}) = (\text{RMSE})^2 \times 自由度$$
$$= (2.10)^2 \times 17 = 75.33$$

したがって，検定統計量 F 値の計算は
次のようになります．

$$F = \frac{(75.33 - 56.79)}{56.79} \times \frac{20 - 1 - 2 - 1}{1}$$
$$= 5.22$$

● Roor Mean Squared Error

$$RMSE = \sqrt{\frac{SSe}{dfe}} \qquad\qquad (sse = SSE)$$

● Roor Mean Squared Percentage Error

$$RMSPE = \sqrt{\frac{\sum_{t=L+1}^{m}\left(\frac{y_t - \hat{y}_t}{y_t}\right)^2}{(m - L)}}$$
$$(m = N)$$

ところで……

グレンジャー因果性の検定とパラメータの推定は
次のようになっています.

グレンジャー因果性の検定

入力系列	F	有意確率
Y　従属	27.03	8775E-5
X　独立	5.22	.036

自由度1 = 1, 自由度2 = 16

ラグ L = 1
つまり p = 1

パラメータの推定

モデル項	係数	標準誤差	t 値	有意確率
定数項	28.09	3.42	8.22	< .001
Y　従属　ラグ1	− .85	.16	− 5.20	< .001
X　独立　ラグ1	.74	.32	2.28	.036

そこで，この2つの有意確率に注目すると

パラメータの推定　　　グレンジャー因果性の検定
有意確率 0.036　　=　　有意確率 0.036

のように一致しています.

T.DIST.2T (2.28, 16) = 0.036
F.DIST.RT (5.22, 16) = 0.036

そこで, パラメータの推定の $\boxed{X\,独立}$ の t 値を2乗してみると

$$t\,値の2乗 = (2.28)^2 = 5.22 = \mathrm{F}\,値$$

となり.
グレンジャー因果性の検定の F 値と一致します.

　この t 値は, 次の仮説の検定統計量です.

$$仮説\;\mathrm{H}_0 : b_1 = 0$$

このことから,

　── ラグ L = p の場合 ──

　グレンジャー因果性の検定の仮説
　　　　仮説 $\mathrm{H}_0 : b_1 = b_2 = \cdots = b_p = 0$

ということになりそうですね!

パラメータは
時系列 $y\,(t)$
時系列 $x\,(t)$ の係数
a_1, b_1 のことです

　自由度 m の t 分布と自由度 $(1, m)$ の F 分布の関係

$$(t\,分布の値)^2 = \mathrm{F}\,分布の値$$

■ 予測誤差の2乗和（残差の2乗和）の計算

時間的因果モデルの SSE（Y，X）

表 16.2　SSE（Y，X）

時間	実測値	予測値	予測誤差	予測誤差の2乗
1	21.4			
2	17.2	16.335	0.865	0.7482
3	21.0	21.111	− 0.111	0.0123
4	14.2	15.267	− 1.067	1.1385
5	21.2	22.338	− 1.138	1.2950
6	20.4	17.694	2.706	7.3224
7	18.7	17.487	1.213	1.4714
8	16.4	17.306	− 0.906	0.8208
9	18.7	20.533	− 1.833	3.3599
10	22.1	20.275	1.825	3.3306
11	15.7	14.995	0.705	0.4970
12	21.2	20.611	0.589	0.3469
13	15.6	17.768	− 2.168	4.7002
14	18.9	20.177	− 1.277	1.6307
15	17.7	19.733	− 2.033	4.1331
16	16.8	18.903	− 2.103	4.4226
17	23.2	21.008	2.192	4.8049
18	14.9	16.950	− 2.050	4.2025
19	24.0	20.701	3.299	10.8834
20	16.0	14.708	1.292	1.6693
			合計	56.7899

● SSE

$$SSE = \sum_{t=1}^{t=(m-L)} (y_t - \hat{y}_t)^2$$

$$(m = N)$$

自己回帰モデルの SSE（Y）

表 16.3　SSE（Y）

時間	実測値	予測値	予測誤差	予測誤差の 2 乗
1	21.4			
2	17.2	16.847	0.353	0.1246
3	21.0	19.849	1.151	1.3248
4	14.2	17.133	− 2.933	8.6025
5	21.2	21.994	− 0.794	0.6304
6	20.4	16.99	3.41	11.6281
7	18.7	17.562	1.138	1.2950
8	16.4	18.777	− 2.377	5.6501
9	18.7	20.421	− 1.721	2.9618
10	22.1	18.777	3.323	11.0423
11	15.7	16.346	− 0.646	0.4173
12	21.2	20.921	0.279	0.0778
13	15.6	16.99	− 1.39	1.9321
14	18.9	20.933	− 2.093	4.3806
15	17.7	18.634	− 0.934	0.8724
16	16.8	19.492	− 2.692	7.2469
17	23.2	20.135	3.065	9.3942
18	14.9	15.56	− 0.66	0.4356
19	24.0	21.493	2.507	6.2850
20	16.0	14.988	1.012	1.0241
			合計	75.3259

● R Squared

$$R^2 = 1 - \frac{\sum_{t=1}^{t=(m-L)}(y_t - \hat{y}_t)^2}{\sum_{t=1}^{t=(m-L)}(y_t - \hat{y}_t)^2} = 1 - \frac{SS_e}{SS_t}$$

$$(m = N)$$

時間的因果モデルの予測値の計算

表 16.1 の時系列データを使って
時間的因果モデリングをおこなうと
$y(t)$ の 1 期先の予測値は，次のようになります.

t = 20

予測値

時刻	予測値	信頼限界の下限	信頼限界の上限
21	20.65	16.66	24.65

　この予測値は，次のように計算します.

p.248 の計算結果を見ると，2 つのパラメータは

$$a_1 = -0.85 \qquad b_1 = 0.74$$

となっているので，1 期先の予測値は

$$
\begin{aligned}
\hat{y}(t, 1) &= -0.85 \times y(t) + 0.74 \times x(t) + 28.09 + u(t) \\
&= -0.85 \times 16.0 + 0.74 \times 8.4 + 28.09 + 0 \\
&= 20.65
\end{aligned}
$$

となります.

有効数字をふやすと…
$a_1 = -0.85436$
$b_1 = 0.74235$

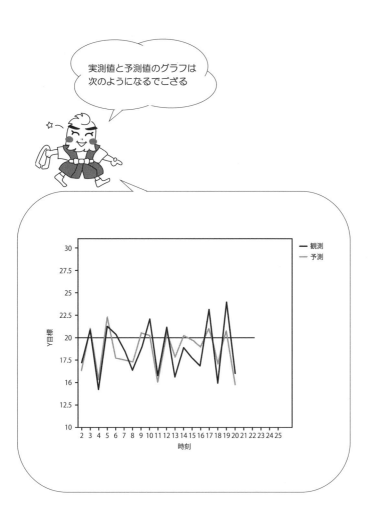

検定のための右スソの確率
$P(X \geq T)$

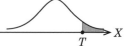

T \ N	4	5	8	9	12	13	16	17	20
0	0.625	0.592	0.548	0.540	0.527	0.524	0.518	0.516	0.513
2	0.375	0.408	0.452	0.460	0.473	0.476	0.482	0.484	0.487
4	0.167	0.242	0.360	0.381	0.420	0.429	0.447	0.452	0.462
6	0.042	0.117	0.274	0.306	0.369	0.383	0.412	0.420	0.436
8		0.042	0.199	0.238	0.319	0.338	0.378	0.388	0.411
10		0.008	0.138	0.179	0.273	0.295	0.345	0.358	0.387
12			0.089	0.130	0.230	0.255	0.313	0.328	0.362
14			0.054	0.090	0.190	0.218	0.282	0.299	0.339
16			0.031	0.060	0.155	0.184	0.253	0.271	0.315
18			0.016	0.038	0.125	0.153	0.225	0.245	0.293
20			0.007	0.022	0.098	0.126	0.199	0.220	0.271
22			0.002	0.012	0.076	0.102	0.175	0.196	0.250
24			0.001	0.006	0.058	0.082	0.153	0.174	0.230
26			0.000	0.003	0.043	0.064	0.133	0.154	0.211
28				0.001	0.031	0.050	0.114	0.135	0.193
30				0.000	0.022	0.038	0.097	0.118	0.176
32					0.016	0.029	0.083	0.102	0.159
34					0.010	0.021	0.070	0.088	0.144
36					0.007	0.015	0.058	0.076	0.130
38					0.004	0.011	0.048	0.064	0.117
40					0.003	0.007	0.039	0.054	0.104
42					0.002	0.005	0.032	0.046	0.093
44					0.001	0.003	0.026	0.038	0.082
46					0.000	0.002	0.021	0.032	0.073
48						0.001	0.016	0.026	0.064
50						0.001	0.013	0.021	0.056
52						0.000	0.010	0.017	0.049
54							0.008	0.014	0.043
56							0.006	0.011	0.037
58							0.004	0.009	0.032
60							0.003	0.007	0.027
62							0.002	0.005	0.023
64							0.002	0.004	0.020
66							0.001	0.003	0.017
68							0.001	0.002	0.014
70							0.001	0.002	0.012

検定のための右スソの確率
$P(X \geq T)$

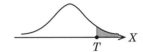

T \ N	6	7	10	11	14	15	18	19	22
1	0.500	0.500	0.500	0.500	0.500	0.500	0.500	0.500	0.500
3	0.360	0.386	0.431	0.440	0.457	0.461	0.470	0.473	0.478
5	0.235	0.281	0.364	0.381	0.415	0.423	0.441	0.445	0.456
7	0.136	0.191	0.300	0.324	0.374	0.385	0.411	0.418	0.434
9	0.068	0.119	0.242	0.271	0.334	0.349	0.383	0.391	0.412
11	0.028	0.068	0.190	0.223	0.295	0.313	0.354	0.365	0.390
13	0.008	0.035	0.146	0.179	0.259	0.279	0.327	0.339	0.369
15	0.001	0.015	0.108	0.141	0.225	0.248	0.300	0.314	0.348
17		0.005	0.078	0.109	0.194	0.218	0.275	0.290	0.328
19		0.001	0.054	0.082	0.165	0.190	0.250	0.267	0.308
21		0.001	0.036	0.060	0.140	0.164	0.227	0.245	0.289
23			0.023	0.043	0.117	0.141	0.205	0.223	0.270
25			0.014	0.030	0.096	0.120	0.184	0.203	0.252
27			0.008	0.020	0.079	0.101	0.165	0.184	0.234
29			0.005	0.013	0.063	0.084	0.147	0.166	0.217
31			0.002	0.008	0.050	0.070	0.130	0.149	0.201
33			0.001	0.005	0.040	0.057	0.115	0.133	0.186
35			0.000	0.003	0.031	0.046	0.100	0.119	0.171
37				0.002	0.024	0.037	0.088	0.105	0.157
39				0.001	0.018	0.029	0.076	0.093	0.144
40				0.000	0.013	0.023	0.066	0.082	0.131
43					0.010	0.018	0.056	0.072	0.120
45					0.007	0.014	0.048	0.062	0.109
47					0.005	0.010	0.041	0.054	0.099
49					0.003	0.008	0.034	0.047	0.089
51					0.002	0.006	0.029	0.040	0.080
53					0.002	0.004	0.024	0.034	0.072
55					0.001	0.003	0.020	0.029	0.064
57					0.001	0.002	0.016	0.025	0.058
59					0.000	0.001	0.013	0.021	0.051
61						0.001	0.011	0.017	0.045
63						0.001	0.009	0.014	0.040
65						0.000	0.007	0.012	0.035
67							0.005	0.010	0.031
69							0.004	0.008	0.027
71							0.003	0.006	0.024
73							0.003	0.005	0.021
75							0.002	0.004	0.018
77							0.001	0.003	0.015
79							0.001	0.003	0.013
81							0.001	0.002	0.011
83							0.001	0.002	0.010
85							0.000	0.001	0.008
87								0.001	0.007

数表2　連による検定のための数表

$\frac{\alpha}{2}=0.025$　　$\frac{\alpha}{2}=0.025$　PL　PU

PL の値

N_1＼N_2	4	5	6	7	8	9	10	11	12	13	14	15	16	17	18	19	20
4		2	2	2	3	3	3	3	3	3	3	3	4	4	4	4	4
5	2	2	3	3	3	3	3	4	4	4	4	4	4	4	5	5	5
6	2	3	3	3	3	4	4	4	4	5	5	5	5	5	5	6	6
7	2	3	3	3	4	4	5	5	5	5	5	6	6	6	6	6	6
8	3	3	3	4	4	5	5	5	6	6	6	6	6	7	7	7	7
9	3	3	4	4	5	5	5	6	6	6	7	7	7	7	8	8	8
10	3	3	4	5	5	5	6	6	7	7	7	7	8	8	8	8	9
11	3	4	4	5	5	6	6	7	7	7	8	8	9	9	9	9	9
12	3	4	4	5	6	6	7	7	7	8	8	8	9	9	9	10	10
13	3	4	5	5	6	6	7	7	8	8	9	9	9	10	10	10	10
14	3	4	5	5	6	7	7	8	8	9	9	9	10	10	10	11	11
15	3	4	5	6	6	7	7	8	8	9	9	10	10	11	11	11	12
16	4	4	5	6	6	7	8	8	9	9	10	10	11	11	11	12	12
17	4	4	5	6	7	7	8	9	9	10	10	11	11	11	12	12	13
18	4	5	5	6	7	8	8	9	9	10	10	11	11	12	12	13	13
19	4	5	6	6	7	8	8	9	10	10	11	11	12	12	13	13	13
20	4	5	6	6	7	8	9	9	10	10	11	12	12	13	13	13	14

PU の値

N_1＼N_2	4	5	6	7	8	9	10	11	12	13	14	15	16	17	18	19	20
4		9	9	10	10	10	10	10	10	10	10	10	10	10	10	10	10
5	9	10	10	11	11	12	12	12	12	12	12	12	12	12	12	12	12
6	9	10	11	12	12	13	13	13	13	14	14	14	14	14	14	14	14
7	10	11	12	13	13	14	14	14	14	15	15	15	16	16	16	16	16
8	10	11	12	13	14	14	15	15	16	16	16	16	17	17	17	17	17
9	10	12	13	14	14	15	16	16	16	17	17	18	18	18	18	18	18
10	10	12	13	14	15	16	16	17	17	18	18	18	19	19	19	20	20
11	10	12	13	14	15	16	17	17	18	19	19	19	20	20	20	21	21
12	10	12	13	14	16	16	17	18	19	19	20	20	21	21	21	22	22
13	10	12	14	15	16	17	18	19	19	20	20	21	21	22	22	23	23
14	10	12	14	15	16	17	18	19	20	20	21	22	22	23	23	23	24
15	10	12	14	15	16	18	18	19	20	21	22	22	23	23	24	24	25
16	10	12	14	16	17	18	19	20	21	21	22	23	23	24	25	25	25
17	10	12	14	16	17	18	19	20	21	22	23	23	24	25	25	26	26
18	10	12	14	16	17	18	19	20	21	22	23	24	25	25	26	26	27
19	10	12	14	16	17	18	20	21	22	23	23	24	25	26	26	27	27
20	10	12	14	16	17	18	20	21	22	23	24	25	25	26	27	27	28

［1］『経済時系列分析入門』溝口敏行他著，日本経済新聞出版（1983）

［2］『時系列モデル入門』A.C バーベイ著，国友直人他訳，東京大学出版会（1985）

［3］『経済の時系列分析』山本択著，創文社（1988）

［4］『経済時系列分析』廣松毅他著，朝倉書店（1990）

［5］『経営・経済予測入門』クライブ・WJ. グレンジャー著，宜名真勇，有斐閣
（1994）

［6］『時系列解析の実際Ⅰ』赤池弘次監修，赤池弘次他編，朝倉書店（1994）

［7］『時系列解析の実際Ⅱ』赤池弘次監修，赤池弘次他編，朝倉書店（1998）

［8］『時系列解析の方法』赤池弘次監修，尾崎統他編，朝倉書店（1998）

［9］『経済時系列の統計』刈屋武昭他著，岩波書店（2003）

［10］『入門 時系列分析と予測（改訂第 2 版）』P.J ブロックウェル他著，逸見功他
訳，CAP 出版（2004）

［11］『現代時系列分析』田中勝人，岩波書店（2006）

［12］ IBM SPSS Statistics Algorithms https://www.ibm.com/docs/en/SSLVMB_
29.0.0/pdf/IBM_SPSS_Statistics_Algorithms.pdf

【東京図書刊】

［13］『すぐわかる統計用語の基礎知識』共著（2016）

［14］『すぐわかる統計処理の選び方』共著（2010）

［15］『入門はじめての統計解析』（2006）

［16］『入門はじめての多変量解析』共著（2007）

［17］『Excel でやさしく学ぶ統計解析 2019』共著（2019）

［18］『SPSS による時系列分析の手順（第 2 版）』（2006）

［19］『SPSS による統計処理の手順（第 9 版）』（2021）

［20］『SPSS でやさしく学ぶ統計解析（第 7 版）』共著（2021）

［21］『SPSS でやさしく学ぶ多変量解析（第 6 版）』共著（2022）

著者紹介

石村 貞夫

1975 年　早稲田大学理工学部数学科卒業

1977 年　早稲田大学大学院理工学研究科数学専攻修了

現　在　石村統計コンサルタント代表

　　　　理学博士・統計アナリスト

　　　　元鶴見大学准教授

石村 友二郎

2009 年　東京理科大学理学部数学科卒業

2014 年　早稲田大学大学院基幹理工学研究科数学応用数理学科

現　在　文京学院大学　教学 IR センター特任助教

　　　　戦略企画・IR 推進室職員

改訂版　　入門はじめての時系列分析

© Sadao Ishimura & Yujiro Ishimura 2012, 2023

2012 年 5 月 25 日　第 1 版第 1 刷発行　　　　　Printed in Japan

2023 年 7 月 25 日　改訂版第 1 刷発行

著　者　石　村　貞　夫

　　　　石　村　友　二　郎

発行所　東京図書株式会社

〒102-0072 東京都千代田区飯田橋 3-11-19

振替 00140-4-13803　電話 03(3288)9461

http://www.tokyo-tosho.co.jp/

ISBN 978-4-489-02407-8